图解 DeepSeek技术

The Illustrated DeepSeek

[沙特] 杰伊·阿拉马尔（Jay Alammar）
[荷] 马尔滕·格鲁滕多斯特（Maarten Grootendorst） 著
李博杰　孟佳颖　译

人 民 邮 电 出 版 社
北 京

图书在版编目（CIP）数据

图解 DeepSeek 技术 /（沙特）杰伊·阿拉马尔 (Jay Alammar),（荷）马尔滕·格鲁滕多斯特 (Maarten Grootendorst) 著；李博杰，孟佳颖译．北京：人民邮电出版社，2025. -- ISBN 978-7-115-67461-6

Ⅰ．TP18-64

中国国家版本馆 CIP 数据核字第 2025MT9407 号

内 容 提 要

本书以通俗易懂、大量图解的方式剖析了 DeepSeek 的底层技术。

全书分为 3 章和附录，第 1 章详细分析了推理大模型的范式转变，即从“训练时计算”到“测试时计算”；第 2 章解读了 DeepSeek-R1 的架构——混合专家（MoE）；第 3 章展示了 DeepSeek-R1 详细的训练过程及核心技术，涵盖基于 GRPO 的强化学习等；附录分享了 DeepSeek 开源周活动。

本书适合大模型从业人员和对大模型底层技术感兴趣的读者。书中通过丰富的图解将复杂的技术解释得简单、清晰、通透，是学习大模型技术难得一见的参考书。

◆ 著　[沙特] 杰伊·阿拉马尔（Jay Alammar）
[荷] 马尔滕·格鲁滕多斯特（Maarten Grootendorst）
译　李博杰　孟佳颖
责任编辑　刘美英
责任印制　胡　南

◆ 人民邮电出版社出版发行　北京市丰台区成寿寺路11号
邮编　100164　电子邮件　315@ptpress.com.cn
网址　https://www.ptpress.com.cn
北京捷迅佳彩印刷有限公司印刷

◆ 开本：800×1000　1/16
印张：6.5　2025 年 6 月第 1 版
字数：120 千字　2025 年 10 月北京第 3 次印刷

著作权合同登记号　图字：01-2025-1631 号

定价：59.80 元

读者服务热线：(010)84084456-6009　印装质量热线：(010)81055316

反盗版热线：(010)81055315

译者序

DeepSeek-R1 的发布可以说是 AI（artificial intelligence，人工智能）领域的第二个“ChatGPT 时刻”。GPT-3.5 的 RLHF（基于人类反馈的强化学习）让 AI 学会了回答问题，而 OpenAI o1 和 DeepSeek-R1 的强化学习后训练让 AI 学会了思考。DeepSeek-R1 首次系统性地把这一方法背后的原理公之于众，且在创意写作等领域达到了世界领先水平，体现了中国在 AI 领域的持续创新和实践。

DeepSeek-R1 不仅为世界贡献了强大的开源推理语言模型，让推理大模型的使用成本下降了一个数量级，更重要的是，它的出现揭示了两个关键的事实。

第一，强化学习可能成为一些公司的“秘密武器”。在强大的基座模型的基础上，强化学习后训练只需要相对较少的算力，就可以把复杂的提示词内化成模型的内生能力，解决在提示词复杂的情况下指令遵循可靠性差的问题，大幅提升模型解决特定领域问题的可靠性。一些实力强的公司还能利用强化学习，基于用户的反馈数据，实现模型对主流用户偏好的对齐，构建数据飞轮。对一些需要本地化部署或需要控制推理成本的场景，如果只关注特定领域能力而非泛化能力，那么在开源模型的基础上进行监督微调和强化学习，有望达到与最强大的闭源模型相当的领域能力。

第二，DeepSeek-R1-Zero 更是指出了一条让 AI 像人类一样，通过与环境交互不断自我进化的路线。如今的大模型几乎已穷尽高质量的预训练语料，而强化学习后训练理论上可以生成无限的语料。DeepSeek-R1-Zero 只需构建一个让 AI 自主探索并验证结果对错的环境，无须人类显式指导，强化学习算法就可以通过试错法找到问题的可行解，并将其内化成模型参数，从而在后续遇到类似问题时，更可靠和快速地加以解决。

本书的原作是由《图解大模型：生成式 AI 原理与实战》的两位作者 Jay Alammar 和 Maarten Grootendorst 专门为中国读者撰写的，经过笔者翻译后才得以面世，因此，这不是一本普通的译著。关于 DeepSeek-R1 的资料不计其数，但尚未见到像本书一样图示精美、通俗易懂又不失技术深度的解读。本书主要涵盖以下知识点：

- 推理大模型的基本原理
- MoE 架构设计（在 DeepSeek-V2 中提出）
- DeepSeek-R1-Zero 的训练过程
- DeepSeek-V3 的效率优化策略（MLA①、混合精度训练、多词元预测）
- DeepSeek-R1 的训练过程
- 基于 GRPO 的强化学习（在 DeepSeek-R1 中提出）
- DeepSeek 开源周

限于篇幅，本书没有展开强化学习后训练的细节和实战。如果读者需要对自己的模型进化强化学习后训练，建议参考 verl、OpenRLHF 等开源框架。此外，本书也没有涵盖系统性能优化相关的内容。

为了帮助大家更好地理解本书，围绕推理大模型和 DeepSeek，我们系统梳理了大家最关注的一系列问题，其中大多数问题可以在书中直接找到答案，部分问题可以从 DeepSeek 原始论文和本书的参考资料中找到答案。希望所有的朋友都能够带着这些问题阅读本书，学以致用。

请大家注意，每个问题后面都有 🌶️ 标注，其中 🌶️ 的数量表示问题的难度——数量越多，难度越大。

关于推理大模型

- Q1：根据缩放定律，如何估算训练一个特定规模的大模型所需的预训练数据集的大小和算力？🌶️🌶️
- Q2：通过 Let’s think step by step 提示词触发的思维链模式，与推理模型的原理有什么不同？同样是测试时计算，为什么推理模型的上限更高？🌶️
- Q3：如果需要针对垂直领域微调推理模型，PRM（过程奖励模型）和 ORM（结果奖励模型）分别适合什么场景？🌶️
- Q4：在 MCTS（蒙特卡洛树搜索）方法中，如何平衡探索和利用？探索和利用分别使用什么方式来评估？🌶️

① MLA 是 DeepSeek 团队在 DeepSeek-V2 中首次提出的核心创新之一，DeepSeek-V3 在延续 DeepSeek-V2 架构的基础上，进一步优化了 MLA，并将其应用于更广泛的场景中。

- ❑ Q5：STaR（自我教导推理器）方法是如何让模型通过自我生成的推理数据来改进自身的？它有什么优缺点？🌶
- ❑ Q6：对于每个输出词元的成本，为什么推理模型一般高于架构和参数量相同的非推理模型？🌶🌶
- ❑ Q7：在后训练过程中，推理模型的思维链会越来越长，这样会提高结果的准确率，但也增加了响应延迟。请问，如何根据问题复杂度、用户需求和系统负载自动调整推理深度？🌶🌶🌶🌶
- ❑ Q8：在实时语音对话应用中，如何利用推理模型提升性能，同时避免过高的响应延迟影响用户体验？🌶🌶🌶
- ❑ Q9：如何用 RL（强化学习）方法提升一个大模型的工具调用能力？如何训练模型，使其能够智能地决定何时依靠内部推理能力，何时调用外部工具（例如写一段代码来解决复杂的推理问题，而不是在输出的推理过程中穷举所有可能）？🌶🌶🌶🌶

关于 DeepSeek-R1

- ❑ Q10：DeepSeek-R1 与 DeepSeek-R1-Zero 的训练过程有什么区别，各自有什么优缺点？既然 DeepSeek-R1-Zero 生成的推理过程可读性差，在非推理任务上的表现也不如 DeepSeek-R1，那么，DeepSeek-R1-Zero 存在的价值是什么？DeepSeek-R1 的训练过程是如何解决 DeepSeek-R1-Zero 的上述问题的？🌶🌶
- ❑ Q11：DeepSeek-R1 为什么没有使用 PRM、MCTS、束搜索等方法？🌶
- ❑ Q12：DeepSeek-R1 使用的 GRPO（组相对策略优化）与 PPO（近端策略优化）有什么区别？为什么 GRPO 不需要评论家模型？🌶🌶
- ❑ Q13：DeepSeek-R1 在 SFT（监督微调）阶段，为什么要加入 20 万条与推理无关的训练样本？🌶
- ❑ Q14：DeepSeek 是如何把 DeepSeek-R1 的推理能力蒸馏到较小的模型中的？如果我们要自己蒸馏一个较小的垂直领域模型，如何尽可能保留 DeepSeek-R1 在特定领域的能力？🌶🌶
- ❑ Q15：事实上，MLA（多头潜在注意力）相比 MQA（多查询注意力）占用的 KV（键 - 值）缓存更多，为什么 MLA 在性能上优于 MQA？ MLA 对哪个维度做了低秩压缩？🌶
- ❑ Q16：MLA 是如何解决 RoPE（旋转位置编码）与低秩 KV 不兼容问题的？如果采用其他基于注意力偏置的位置编码，会有什么问题？🌶🌶

- Q17：为什么 DeepSeekMoE 模型前 3 层采用稠密连接而后续采用 MoE（混合专家）？如果所有层都使用 MoE，会有什么影响？
- Q18：DeepSeekMoE 和 Mixtral MoE 有什么区别？ DeepSeekMoE 的细粒度专家分割和共享专家隔离有什么优点？
- Q19：DeepSeekMoE 中的专家负载均衡是如何解决路由崩溃问题的？
- Q20：相比一次预测一个词元，DeepSeek-V3 的多词元预测方法在样本利用效率和推理效率方面有什么优势？
- Q21：DeepSeek-V3 的混合精度训练在哪些矩阵计算中使用了 FP8 量化？为了减少对模型精度的影响，DeepSeek-V3 是如何对激活值和权重做分组量化的？
- Q22：DeepSeek-R1-Zero 的方法主要适用于有明确验证机制的任务（如数学、编程），如何将这一方法扩展到更主观的领域（如创意写作或战略分析）？
- Q23：如果要在一个非推理模型的基础上，通过强化学习训练出一个在 1000 以内的整数的四则运算中错误率低于 1% 的模型，预计基座模型的参数规模至少需要多大，训练过程需要配备多少块 GPU，训练时长是多少？（提示：TinyZero）
- Q24：在 QwQ-32B 这类推理模型的基础上，如何通过强化学习在类似 OpenAI Deep Research 的场景中进一步增强其深度搜索能力？

最后，感谢我的搭档孟佳颖，本书是我们一起完成的第一部译作。如有错漏或不当之处，恳请读者指正。

李博杰

2025 年 4 月

前言

近五年来，大语言模型[①]（Large Language Model，LLM）异军突起，已然成为AI历史上举足轻重的模型之一。2022年11月的“ChatGPT时刻”在全球引发了巨大反响。一个软件系统竟能就各种话题进行流畅的对话，其水平之高前所未见，这一“巨震”推动了ChatGPT用户量的爆炸式增长——短短两个月内就吸引了超过一亿用户。

随后的几年里，该领域及大模型的能力都取得了显著进展，其中一个里程碑事件便是2025年1月的“DeepSeek时刻”：在发布了一系列高质量模型之后，来自浙江杭州的DeepSeek团队推出了DeepSeek-R1。DeepSeek-R1是首个在质量上可与早几周由OpenAI发布的o1推理模型相媲美的开源推理大模型。一些人认为DeepSeek-R1的发布引发了美国股市历史上最大的震荡之一，导致数千亿美元市值蒸发，投资者开始重新审视那些站在AI浪潮前沿的科技巨头的估值。

然而，推理大模型究竟是什么？它们是如何工作的，又是如何训练的？

本书将以DeepSeek-R1为例深入探讨这些问题，并提供更多解答。我们将为读者展示如何直观理解推理大模型的若干核心概念。为了让尽可能多的读者理解这些概念，我们大量运用图示，力求以最清晰、友好的方式阐释相关概念。基于多年来向数百万读者讲解复杂AI概念的经验，我们逐渐形成了一套成熟的视觉语言和叙事方法。本书同样基于这套方法精心设计，引导读者先聚焦最重要的思想，然后循序渐进地构建更完整的知识图景，从而逐步加深对该主题的理解并增强掌握相关知识的信心。

读完本书，你将掌握诸如测试时计算（test-time compute）、构成DeepSeek-R1模型的Transformer架构，以及包括GRPO算法在内的推理大模型训练方案等。最后，我们将一同回顾DeepSeek在其“开源周”期间公布的代码——该公司开源了五个代码库，其中包含了支撑其在线服务的核心系统。

① 后续简称为大模型或者LLM。——编者注

目录

第 1 章

测试时计算

DeepSeek-R1、OpenAI o3-mini 与 Google Gemini 2.0 Flash Thinking 是将大模型推向新高度的代表性成果，它们背后的“推理”框架正是实现这一突破的关键。这些模型标志着范式的转变——从扩展**训练时计算**（train-time compute）转向扩展**测试时计算**[①]（test-time compute）。

在本章中，我们将深入探讨这一范式转变，并系统介绍构建具备推理能力的大模型所依赖的核心方法。在此之前，我们需要先回答一个基础问题：什么是推理大模型（reasoning LLM）？

1.1 什么是推理大模型

与常规大模型相比，推理大模型倾向于将问题分解为更小的步骤（通常称为推理步骤或思考过程），再作出回答。两者的底层逻辑如图 1-1 所示。

那么，“思考过程”“推理步骤”或“思维链”（Chain-of-Thought）究竟意味着什么？

① 测试时计算的另外一种常见的叫法是“推理时计算”。——编者注

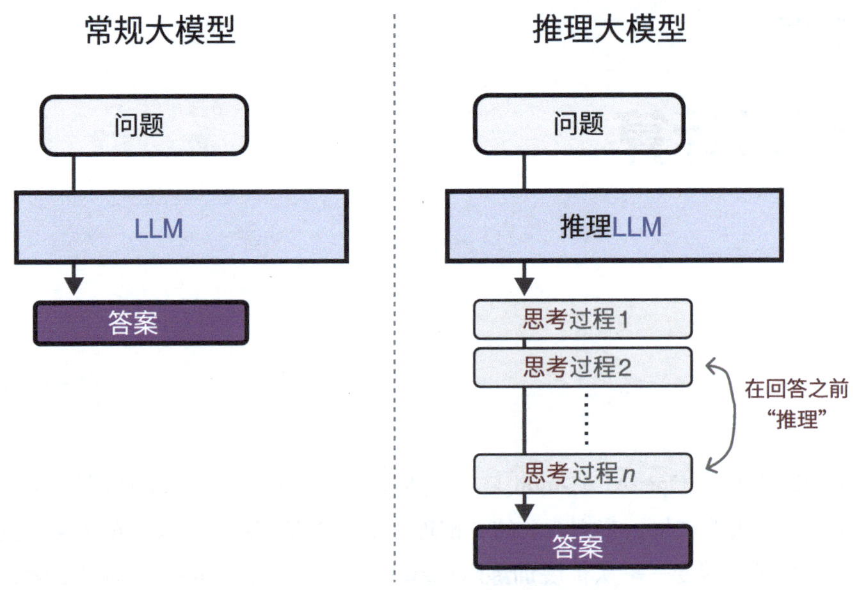

图 1-1　常规大模型与推理大模型

尽管我们可以从哲学角度探讨大模型是否真正具备类人思维能力[①]，但这些推理步骤的本质是将处理过程拆解为更小、结构化程度更高的推理单元，如图 1-2 所示。

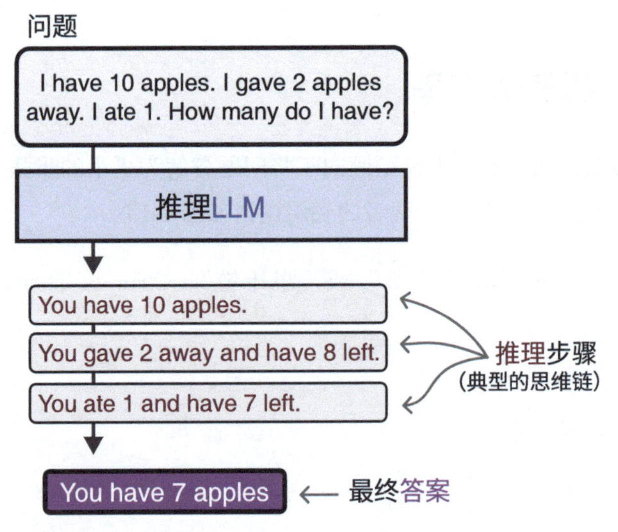

图 1-2　推理大模型的推理步骤

① 从心理学视角观察，大模型展现出的“深思熟虑”特质令人惊叹。但需要注意，这些“推理”步骤可能会过度模仿人类的行为模式。如果我们改用符号语言，大模型的“推理”过程会是什么样子呢？

换言之，这类模型不再局限于学习"回答什么"，而是学习"如何回答"！

要理解推理大模型的构建原理，我们首先需要探究从扩展训练（**训练**时计算）到扩展推理（**测试**时计算）的范式转变。

1.2 什么是训练时计算

截至 2024 年 6 月，开发者通常通过扩大以下要素的**规模**来提升大模型在**预训练**阶段的性能：

- 参数量（**模型规模**）
- 数据量（**数据集大小，也称数据集规模，即词元量**[①]）
- 计算量（**浮点运算量，FLOPs**）

这三个要素如图 1-3 所示。三者共同决定了模型的训练时计算量，即完成预训练所需的总计算资源。人们常将预训练数据比作 AI 的"化石燃料"——这就意味着预训练投入越大，最终模型的能力通常会越强。

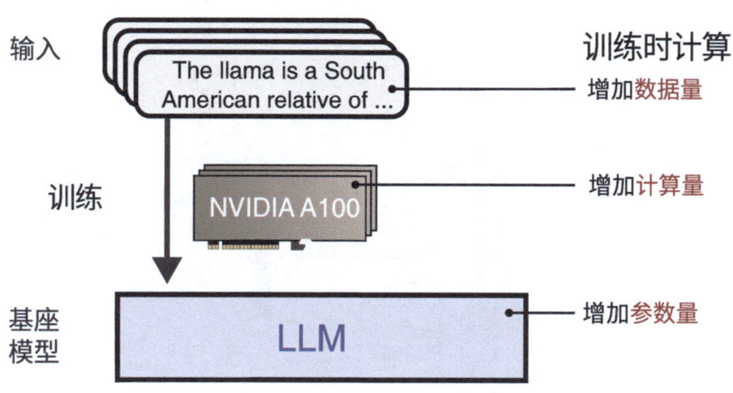

图 1-3　提升大模型预训练性能的关键要素

训练时计算可能同时涵盖预训练阶段与微调阶段的需求，如图 1-4 所示。

① 这里的词元量指的是预训练数据集的词元数量。——译者注

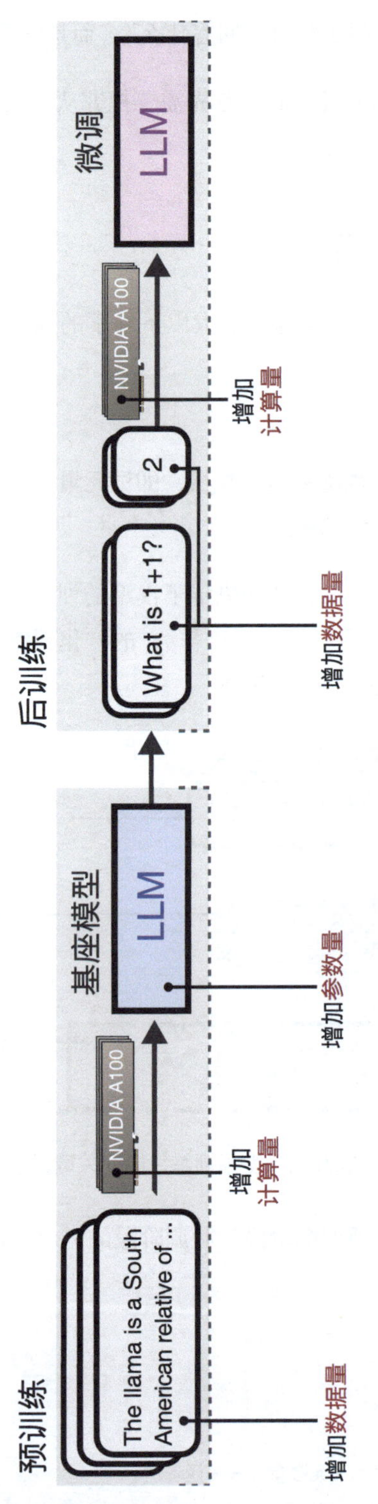
预训练
The llama is a South
American relative of ...
增加数据量
NVIDIA A100
增加
计算量
基座模型
LLM
增加参数量
后训练
What is 1+1?
增加数据量
2
NVIDIA A100
增加
计算量
微调
LLM

图 1-4 训练时计算

这些要素共同成为提升大模型性能的主要关注点。

缩放定律

研究者通过多种缩放定律（scaling law）来探索三个要素的规模（计算量、数据量和参数量）与模型性能之间的关联。这类定律本质上是“幂律”[①]（power law）——当某个变量（例如计算量）增加时，另一个变量（例如模型性能）会产生相应比例的变化。在线性坐标系和双对数坐标系中，模型性能和计算量之间的关系如图 1-5 所示。

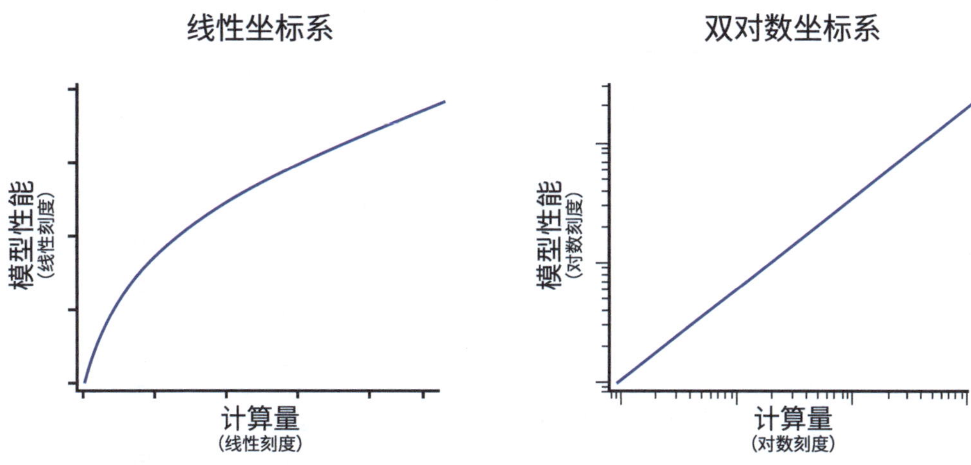

图 1-5　模型性能和计算量之间的关系：线性坐标系和双对数坐标系

缩放定律通常显示在双对数坐标系中，结果呈现为一条直线，用以直观展示计算量的大幅增长对模型性能的影响。

最广为人知的缩放定律是 Kaplan 缩放定律[②]和 Chinchilla 缩放定律[③]。这类定律大致表明：随着计算量、数据量和参数量的增加，模型性能将呈现上升趋势。图 1-6 展示了缩放定律的核心原理——在合理配置训练词元与模型参数比例的前提下，通过扩大模型规模可有效提升预测准确率。

---

① 幂律指的是两个变量之间存在一种特定的关系，即其中一个变量与另一个变量的某个幂次成正比。在图 1-5 中，当坐标系中的两个轴是对数刻度时，图像呈现为一条直线。——译者注

② Kaplan, Jared, et al. “Scaling Laws for Neural Language Models.” arXiv preprint arXiv:2001.08361 (2020).

③ Hoffmann, J., Borgeaud, S., Mensch, A., et al. “Training Compute-optimal Large Language Models.” arXiv preprint arXiv:2203.15556 (2022).

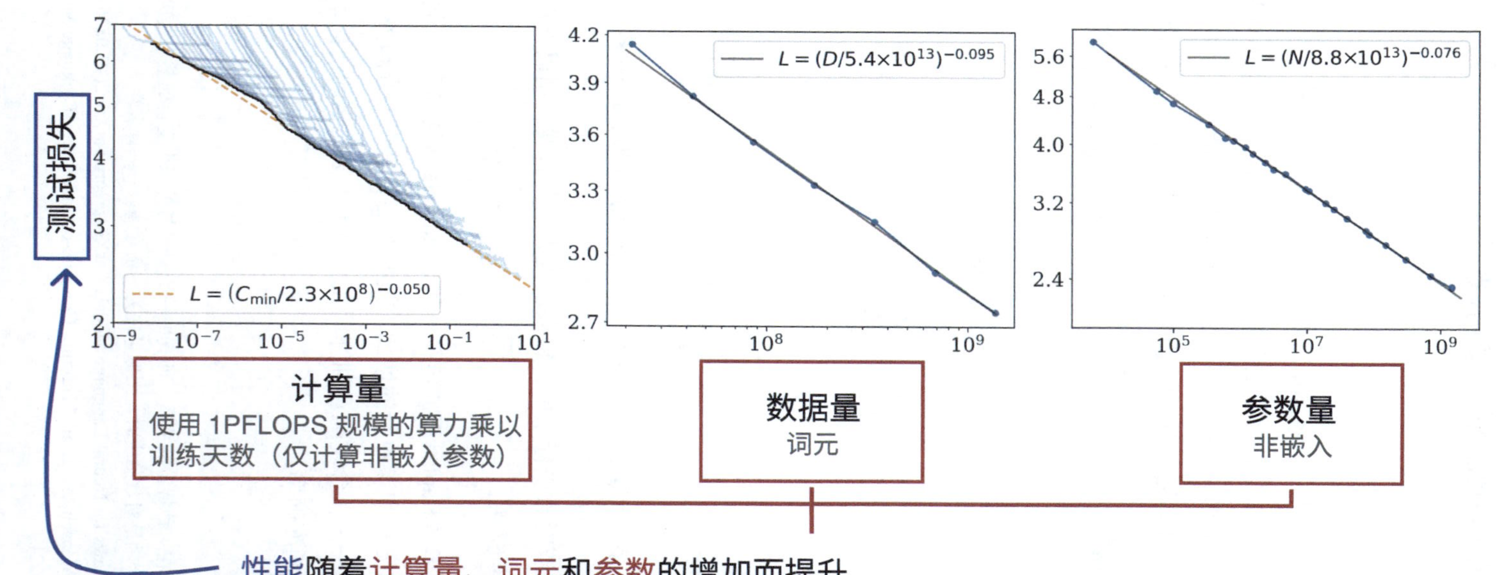

该注释图来自“Scaling Laws for Neural Language Models”论文。图中展示了模型性能如何随着不同的计算指标（计算量、数据集大小和模型规模）的增加而提升。

图 1-6　缩放定律的核心原理

研究指出，这三个要素必须同步扩展才能获得最佳性能。当其他两个要素不构成瓶颈时，性能与其中任一单独要素之间呈幂律关系。

Kaplan 缩放定律认为：在固定计算量的前提下，扩大模型规模通常比增加数据量更有效。与之相反，Chinchilla 缩放定律则主张模型规模与数据量同等重要。①

然而纵观 2024 年，虽然计算量、数据集大小和模型参数量都在持续增长，但性能提升呈现出边际收益递减的趋势，如图 1-7 所示②。

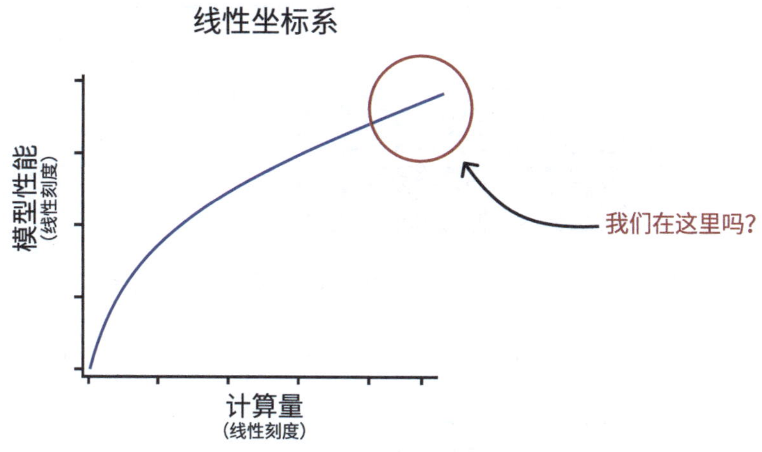

图 1-7　模型性能提升的边际收益递减

这正是幂律的一个特点：随着规模的不断扩大，增益逐渐减小。这引出了一个关键问题：

“我们是否遇到了瓶颈？”

1.3　什么是测试时计算

由于提升训练时计算的成本过高，研究人员开始关注另一种研究方向——**测试**

---

① Kaplan 缩放定律由 OpenAI 于 2020 年提出，其主要结论为：计算量、数据集大小和参数规模的最优配比服从幂律分布，最优参数规模比最优数据集大小增长更快；在固定的训练算力预算下，训练参数量更大的模型并在收敛前停止，可以得到最佳性能。Chinchilla 缩放定律由 DeepMind 于 2022 年提出，其主要结论为：在固定的训练算力预算下，模型参数规模和数据集大小应该等比例缩放；对于给定参数量的模型，最佳的训练数据集大小约为模型中参数量的 20 倍（像 GPT-3 这样的模型参数量过大，训练不足）。——译者注

② 图中只展示了模型性能随计算量增长的提升效果。——编者注

时[①] **计算**。不同于持续增加预训练预算的做法，测试时计算关注的是确保模型能够在**推理**（inference）过程中进行“长时间思考”，如图 1-8 所示。

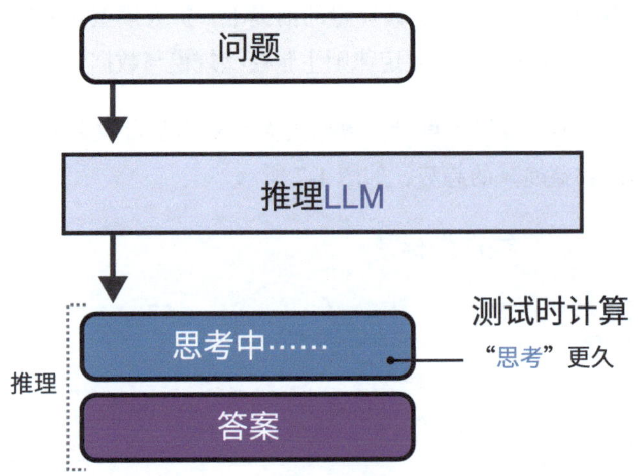

图 1-8　测试时计算关注模型推理过程中的“长时间思考”

非推理模型通常会跳过所有“推理”步骤，直接输出答案，如图 1-9 所示。

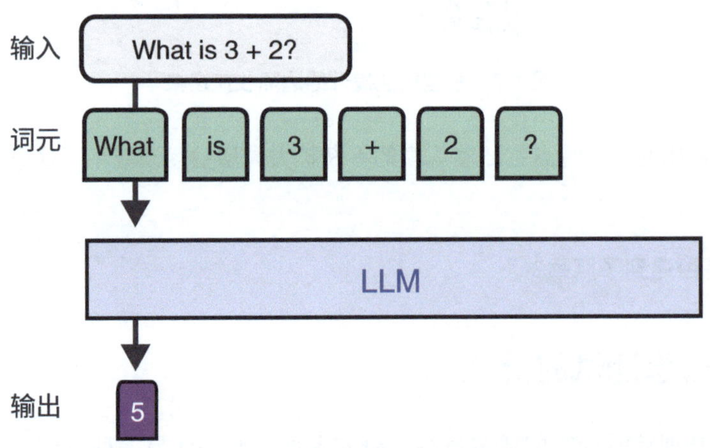

图 1-9　非推理模型直接输出答案

然而，推理模型则会通过系统化的思考过程消耗更多词元来推导答案，如图 1-10 所示。

① 测试时指的是在模型训练完成后使用模型的阶段，例如在线使用 ChatGPT 属于测试时。——译者注

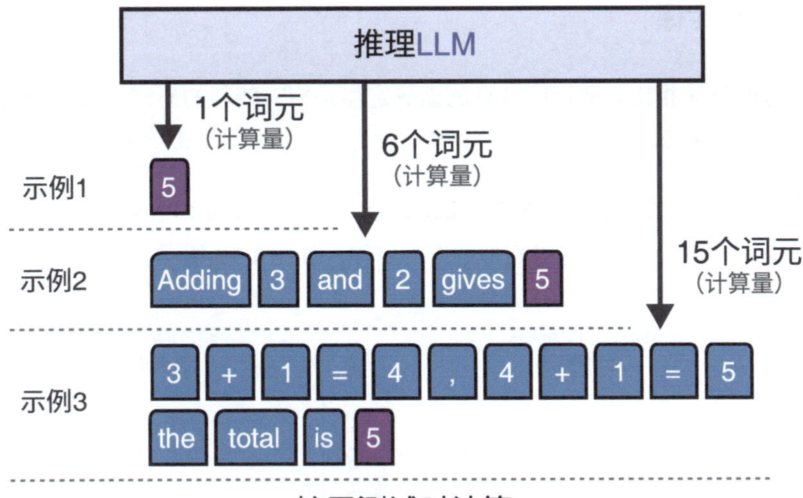

图 1-10　推理模型消耗更多词元推导答案

该理念的核心在于：大模型需要消耗资源（如显存、算力）来生成答案。然而，若将所有计算资源都用于直接生成最终答案，这种处理方式在效率上略显不足！

通过预先生成更多包含附加信息、关联关系及新思路的词元，模型能够将更多算力投入到最终答案的生成过程中，如图 1-11 所示。

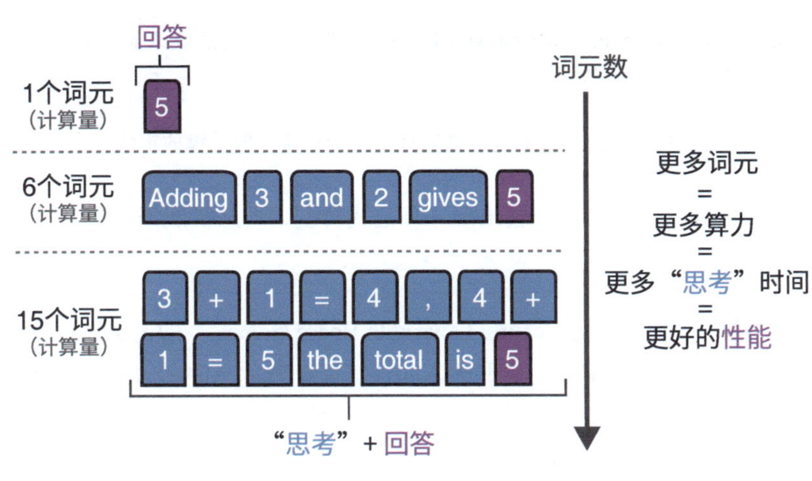

图 1-11　“提前计算”机制

1.3.1 缩放定律

与训练时计算相比，测试时计算的缩放定律是相对较新的研究领域。值得注意的是，两个有趣的来源将测试时计算的扩展与训练时计算的扩展联系起来。

首先，OpenAI 的一篇博客文章“Learning to reason with LLMs”指出，测试时计算可能实际上与训练时计算遵循相似的缩放定律，如图 1-12 所示。

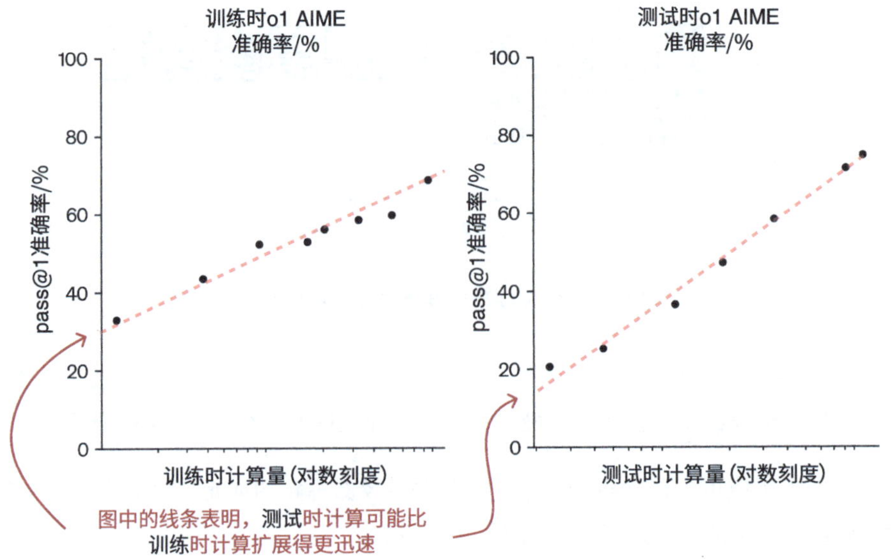

该注释图来自论文“Learning to reason with LLMs”，其中的红色虚线为笔者添加，用于展示 OpenAI 可能发现了一种新范式——测试时计算。

图 1-12 训练时计算与测试时计算可能遵循相似的缩放定律[①]

基于此，研究人员提出可能会出现一种范式转变，即从扩展训练时计算转向扩展测试时计算。

其次，一篇名为“Scaling Scaling Laws with Board Games”[②] 的论文通过 AlphaZero 系统进行了有趣的探索：研究人员训练不同计算量配置的 AlphaZero 来玩六边形棋盘（Hex）游戏，如图 1-13 所示。

---

① 模型性能与训练时计算量的对数大致成正比，与测试时计算量的对数也大致成正比；且在总算力预算固定的情况下，测试时计算量的增加比训练时计算量的增加对模型性能的提升可能更有效。——译者注

② Jones, Andy L. “Scaling Scaling Laws with Board Games.” arXiv preprint arXiv:2104.03113 (2021).

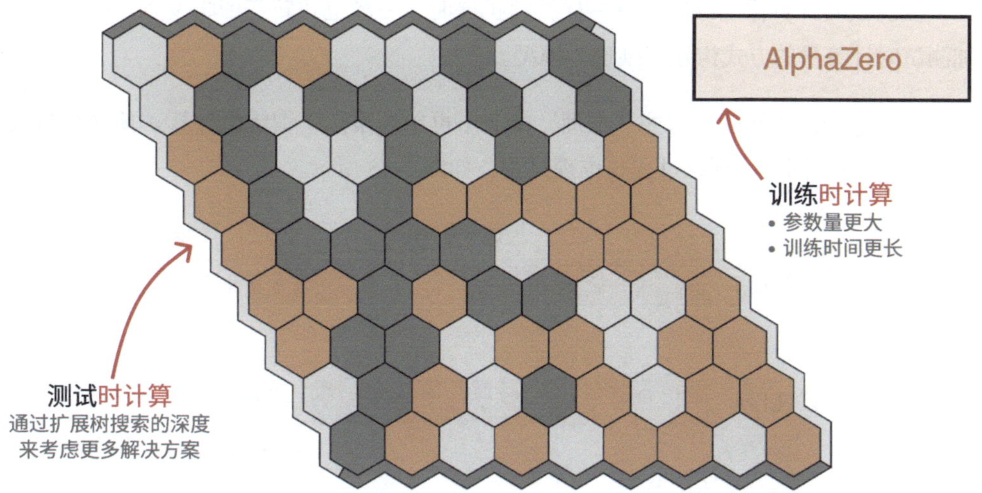

该注释图来自论文“Scaling Scaling Laws with Board Games”。

图 1-13　构建不同计算量配置的训练时计算与测试时计算

他们的研究结果表明，训练时计算与测试时计算存在紧密关联，如图 1-14 所示。图中虚线表示达到特定 ELO 分数所需的最小计算量。

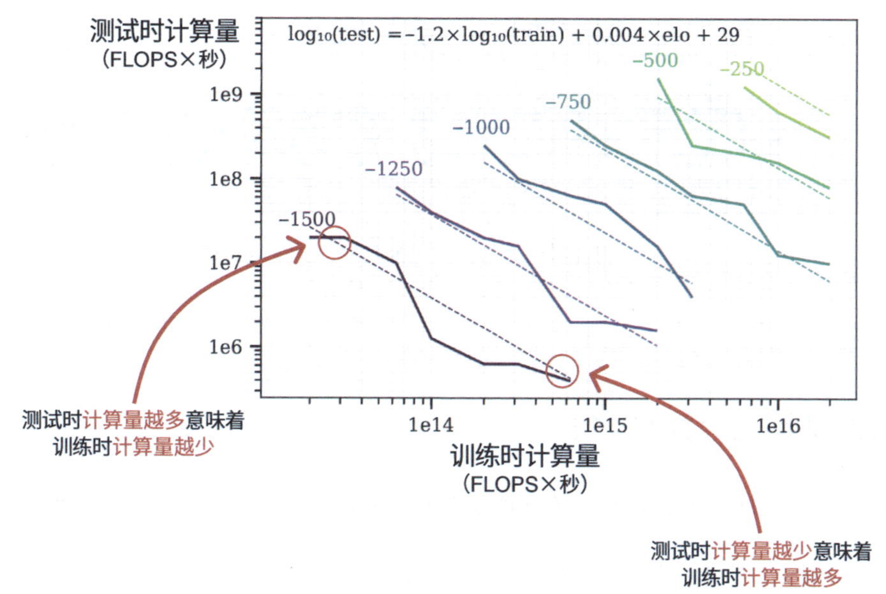

该注释图来自论文“Scaling Scaling Laws with Board Games”。

图 1-14　训练时计算与测试时计算的关联关系

当测试时计算像训练时计算一样持续扩展时，一场范式转变即将发生——通过增加测试时计算量的方式构建“推理”模型。

通过这种范式转变，这些“推理”模型不再单纯聚焦于训练时计算（预训练与微调①），而是协同平衡训练过程与推理过程，如图 1-15 所示。

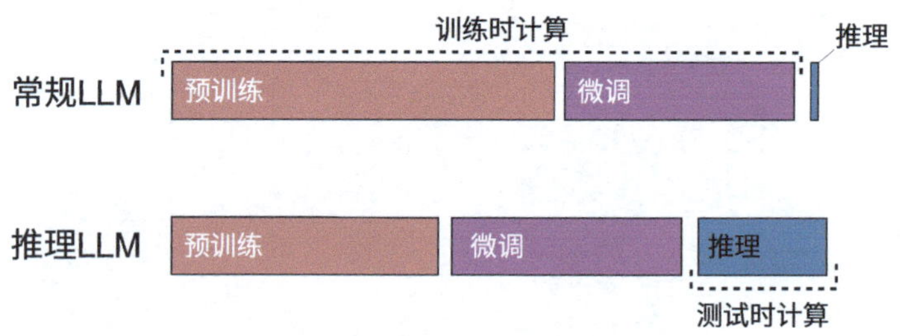

图 1-15　协同平衡训练过程与推理过程

测试时计算的扩展甚至延伸至序列长度的增加，如图 1-16 所示。

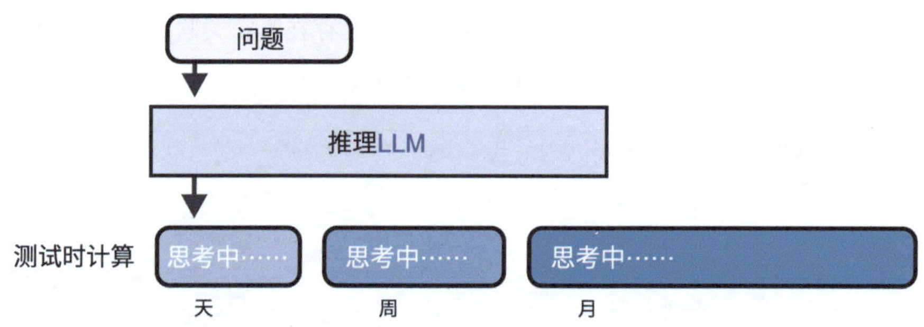

图 1-16　测试时计算的扩展可能与序列长度成正比②

我们将在深入探讨 DeepSeek-R1 时进一步探索扩展序列长度的可能性！

1.3.2　测试时计算的分类

DeepSeek-R1 与 OpenAI o1 等推理模型取得的惊人成功表明，提升模型性能的技

① 此处的“微调”并不单指监督微调（SFT），更重要的是强化学习后训练，且后训练所需的算力往往比传统的监督微调大很多。——译者注

② 原作者是用天、周、月的时间长度来类比思考词元的序列长度。大模型的实际推理时间一般在数秒到数分钟之间，每秒输出几十到几百个思考词元，因此思考过程可以输出几十到几万个不等的思考词元。输出的思考词元的数量跟问题难度有关，问题难度越大，思考词元的序列越长。——译者注

术远不止简单的“延长思考时间”这一种路径。

正如我们将要探讨的，测试时计算可以体现为多种不同的形式，包括思维链（Chain-of-Thought）、答案修正、回溯推理、采样优化等。

这些方法大致可分为两类[①]：

- 基于验证器（verifier）的搜索（通过采样生成多个候选答案并选择最优解）
- 调整提议分布[②]（proposal distribution）（经过训练的“思考”过程）

这两类方法如图 1-17 所示。

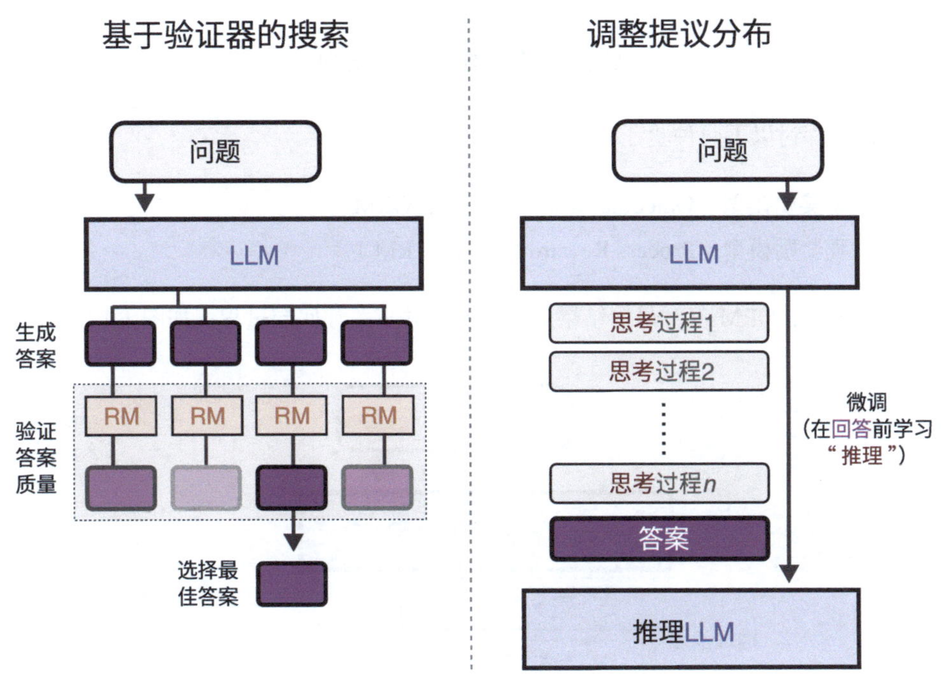

图 1-17　测试时计算的两类方法[③]

① Snell, Charlie, et al. “Scaling LLM Test-Time Compute Optimally can be More Effective than Scaling Model Parameters.” arXiv preprint arXiv:2408.03314 (2024).

② 提议分布指的是推理过程中候选答案或思考过程的概率分布，调整提议分布可以让模型以更大的概率输出更好的思考过程和正确答案。——译者注

③ 在基于验证器的搜索方法中，生成答案之前也需要输出思考过程，这里为简化图示而省略了。图中的 RM 指的是奖励模型（reward model），是强化学习中用于评估智能体行为并提供反馈信号的函数。经过训练的奖励模型可以为智能体的决策提供指导，优化智能体的行为。——译者注

因此，基于验证器的搜索是**输出**导向的，而调整提议分布的方法则是**输入**导向的，如图 1-18 所示。

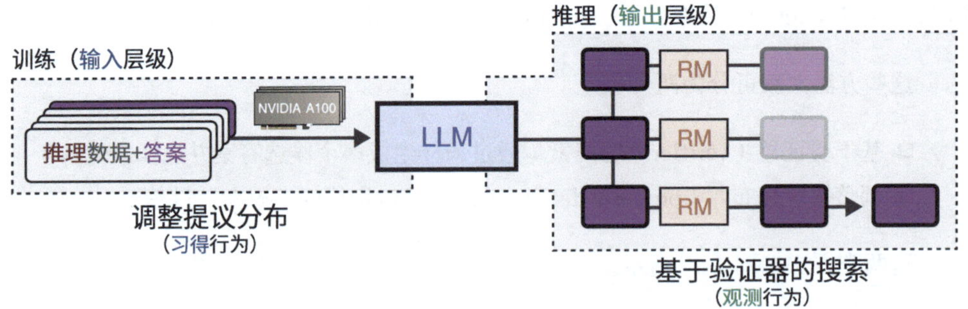

图 1-18　输出导向与输入导向

我们将探讨以下两种验证机制：

- 结果奖励模型（Outcome Reward Model，ORM）
- 过程奖励模型（Process Reward Model，PRM）

顾名思义，ORM 仅对最终结果进行评估，并不关注底层过程，如图 1-19 所示。

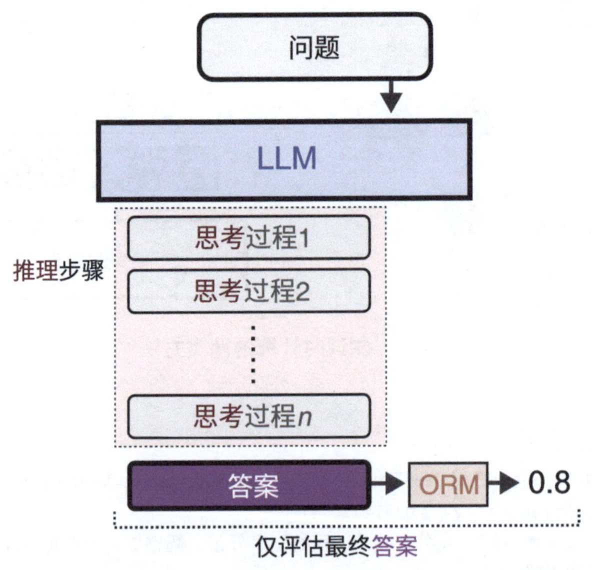

图 1-19　ORM（结果奖励模型）

相比之下，PRM 还会对导致结果的整个过程（即“推理”）进行评估，如图 1-20 所示。

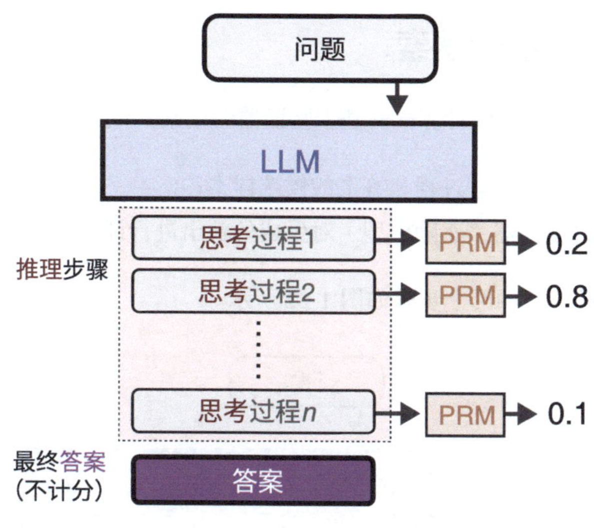

图 1-20 PRM（过程奖励模型）

为了更清楚地了解 PRM 对推理步骤评分的过程，我们具体看一个例子，如图 1-21 所示。

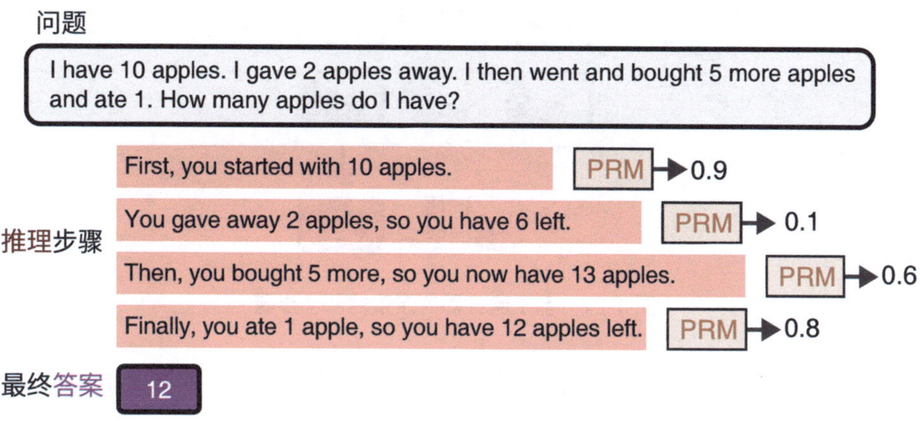

图 1-21 PRM 针对具体问题的验证过程

请注意，第 2 步的推理质量较差，因此被 PRM 评分较低！

在理解了 ORM 与 PRM 的核心区别后，接下来我们探索一下两者在不同验证技术中的应用方法。

1.4 基于验证器的搜索

我们来看第一种测试时计算——基于验证器的搜索，该方法[①]通常包含两个步骤：

- 首先，生成多个推理过程和答案的候选样本；
- 其次，通过验证器（奖励模型）对生成的输出进行评分。

基于验证器的搜索的两个步骤如图 1-22 所示。

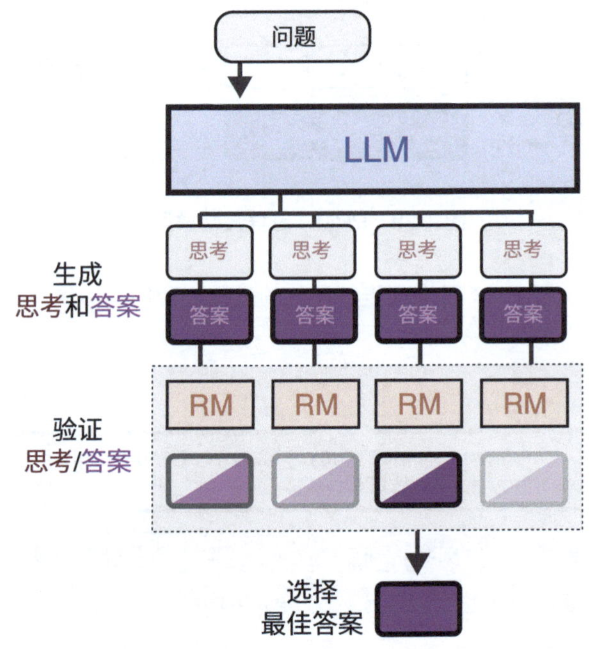

图 1-22 基于验证器的搜索的两个步骤

验证器通常采用大模型，经过微调专门用于评判结果（ORM）或推理过程（PRM）。

使用验证器的主要优势在于：不需要对用于问题解答的大模型进行重新训练或微调。

① 除了这里讲的“并行生成多个候选样本并让验证器挑选”的实现步骤，还有一种基于验证器的实现是顺序修正（sequential revision），即由验证器在候选样本的基础上进行修改，或是提出修改意见，交给大模型重新生成回答。——译者注

1.4.1 多数投票法

最直接的方法其实并不需要奖励模型或验证器，而是通过多数投票机制实现。

具体操作是让模型生成多个答案，最终选取出现频次最高的答案作为最终解，如图 1-23 所示。

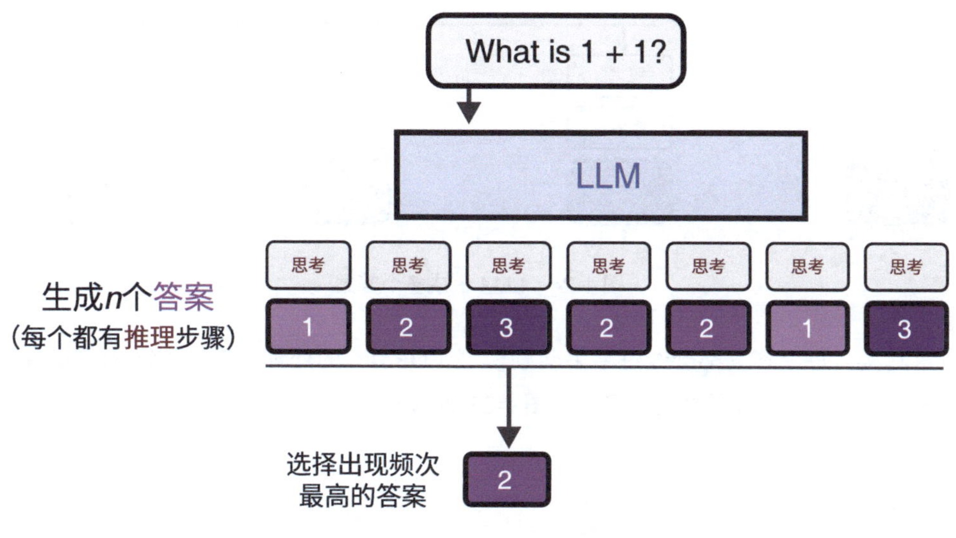

图 1-23　多数投票机制

这种方法也被称为自一致性（self-consistency[①]），以强调生成多个答案和推理步骤的必要性。

1.4.2 Best-of-N 采样

第一种涉及验证器的方法称为 Best-of-N 采样。该技术生成 N 个样本，随后使用验证器（如结果奖励模型）对每个答案进行评估。

首先，大模型（通常称为提议者，Proposer）通过设置较高的温度[②]或变化的温度

① Wang, Xuezhi, et al. "Self-Consistency Improves Chain of Thought Reasoning in Language Models." arXiv preprint arXiv:2203.11171 (2022).

② 温度（temperature）是指大模型在生成每个词元时采样的随机程度。温度值设置为 0 代表大模型总是选取概率最高的词元，在这种情况下，大模型的输出一般是确定的。温度值越高，输出的随机程度越高、越多样化。——译者注

参数生成多个答案，如图 1-24 所示。

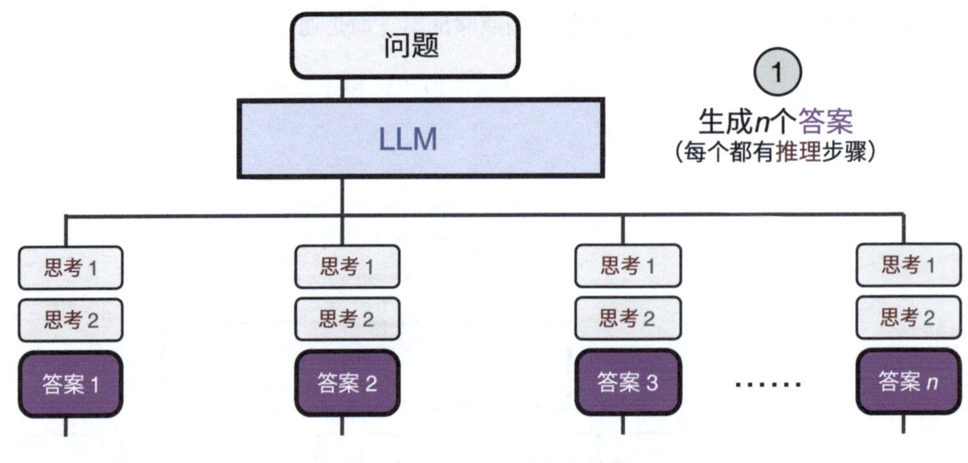

图 1-24　LLM 生成多个答案

其次，每个答案都会经过结果奖励模型（ORM）的处理，根据答案的质量进行评分。最终选择得分最高的答案，如图 1-25 所示。

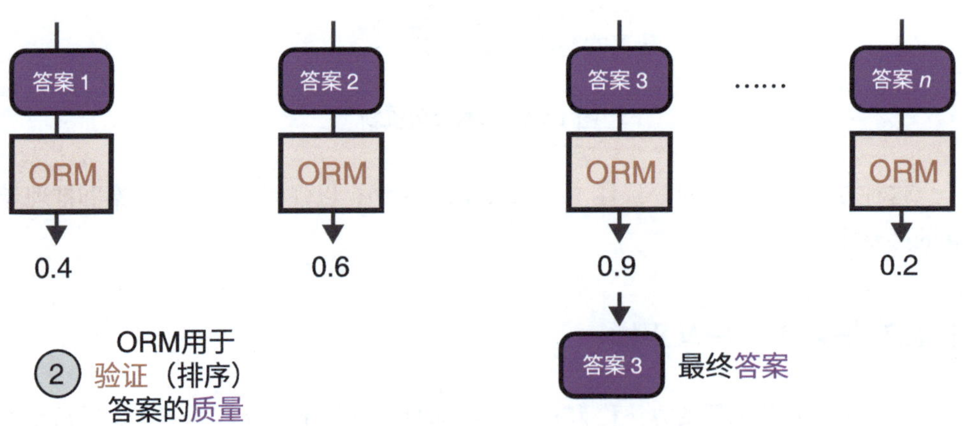

图 1-25　选择得分最高的答案作为最终答案

相较于单纯评估最终答案，推理过程也可以通过**过程奖励模型**进行评估，该模型会对每个推理步骤的质量进行评判，并选择总权重最高的候选推理路径，如图 1-26 所示。

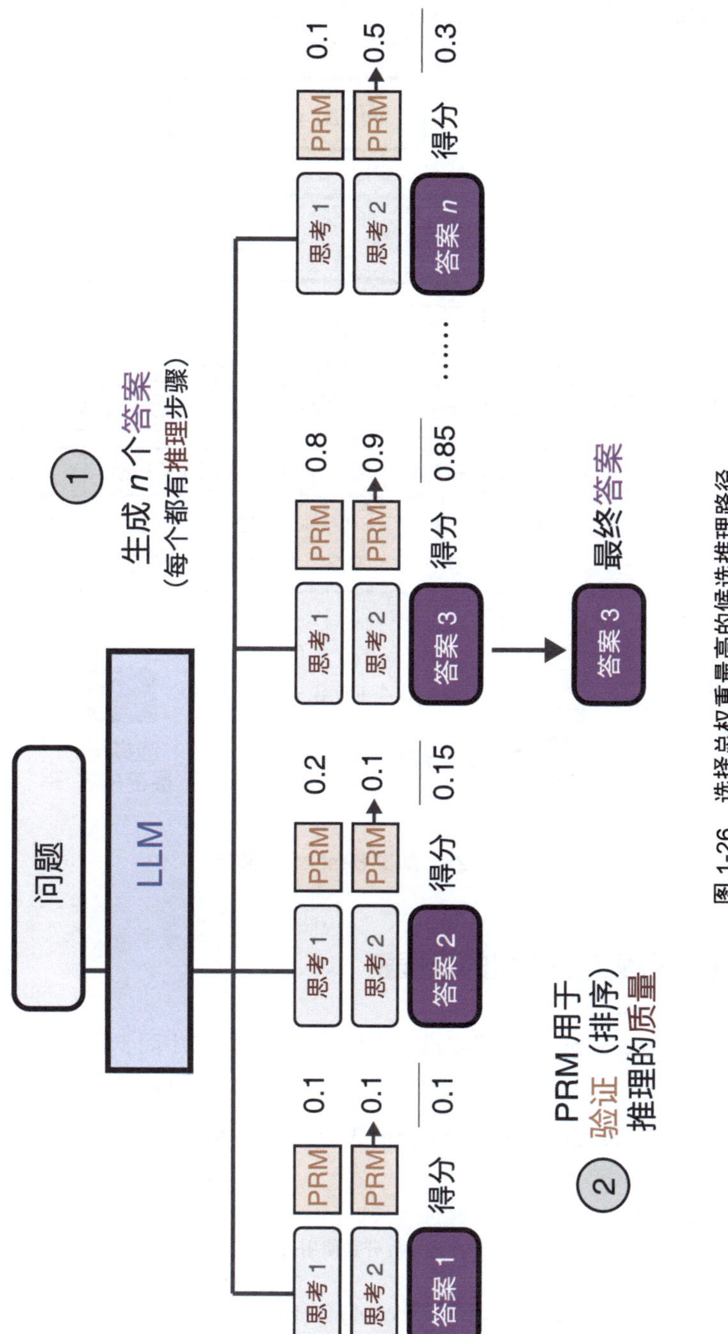

图 1-26 选择总权重最高的候选推理路径

对于这两种验证器类型，我们还可以通过奖励模型对每个候选答案进行加权，并选择总权重最高的答案[①]。这种方法被称为加权 Best-of-*N* 采样，如图 1-27 所示。

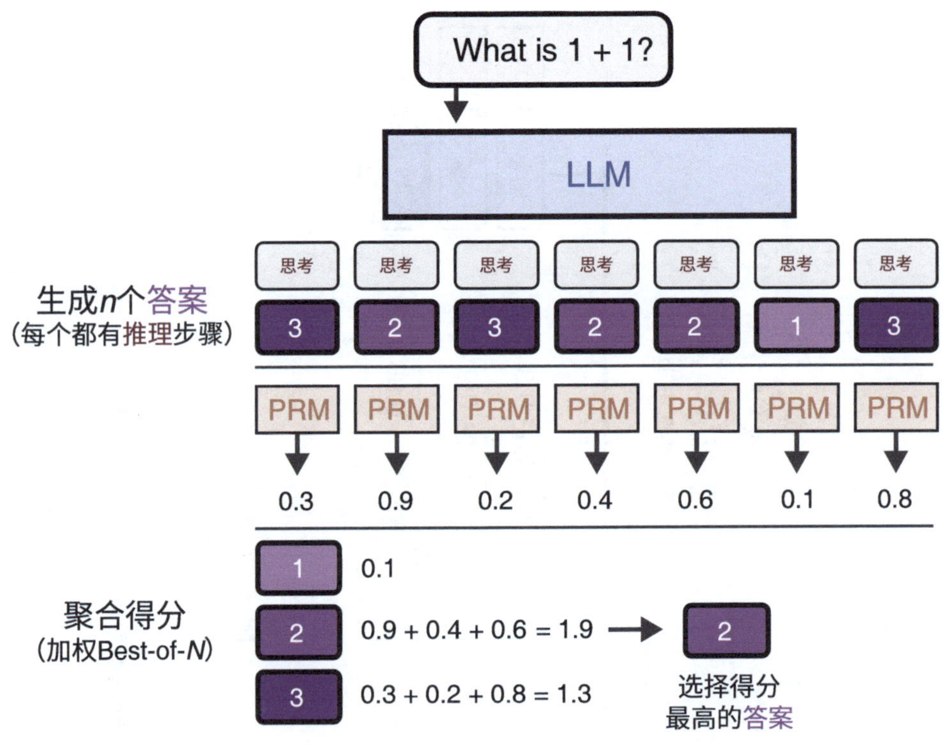

图 1-27　加权 Best-of-*N* 采样

1.4.3　基于过程奖励模型的束搜索

通过束搜索（beam search）可以进一步扩展生成答案与中间步骤的过程。该方法会采样多条推理路径，并经由过程奖励模型对每条路径进行评分（类似思维树框架[②③]）。系统会持续追踪整个推理过程中评分最高的 3 个“束”（最佳路径），如图 1-28 所示。

① 每个候选答案生成多个推理过程，每个推理过程分别使用过程奖励模型打分，最后选取总分最高的候选答案。——译者注

② Yao, Shunyu, et al. “Tree of Thoughts: Deliberate Problem Solving with Large Language Models.” Advances in Neural Information Processing Systems 36 (2024).

③ 思维树框架在每一步都会提出多个候选的下一步思考过程，并通过过程奖励模型评估得到最优的几个候选思考过程，然后分别在其基础上扩展下一步思考。——译者注

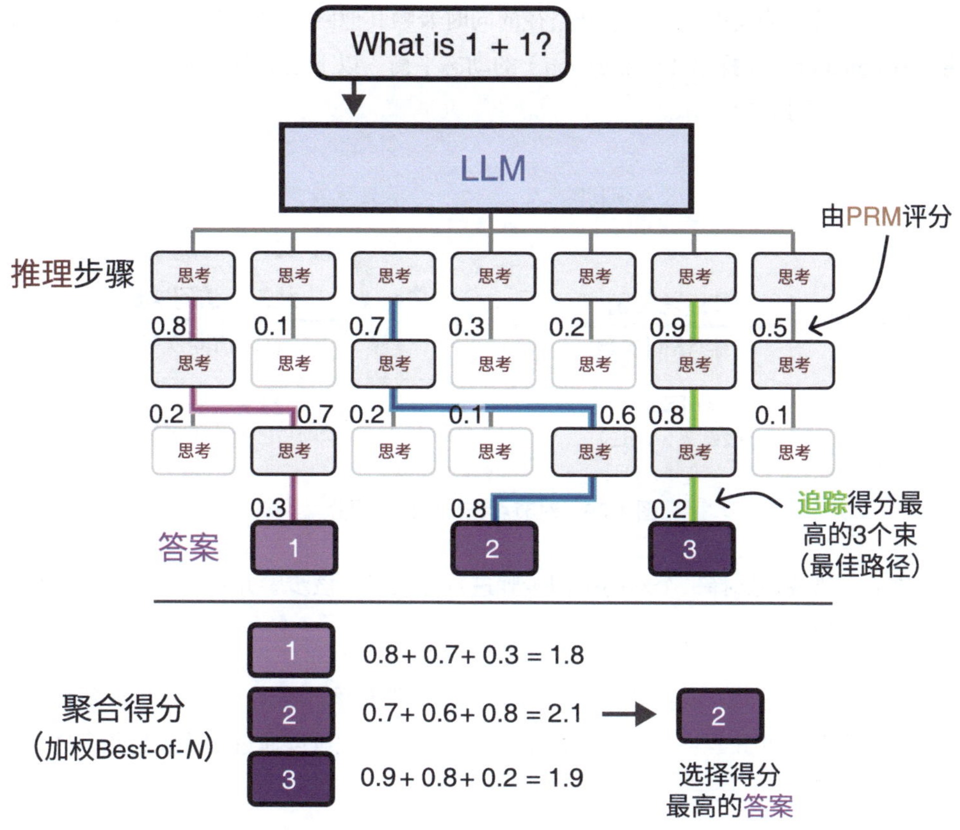

图 1-28　基于过程奖励模型的束搜索

该方法能够快速终止未能产生有效结果的“推理”路径（PRM 给出的评分较低），最终我们将采用先前探讨的 Best-of-*N* 对结果答案进行加权。

1.4.4　蒙特卡洛树搜索

蒙特卡洛树搜索（Monte Carlo Tree Search，MCTS）是提升树搜索效率的重要技术，其执行流程包含四个核心步骤。

- 选择（selection）：基于预设策略选择特定的叶节点。
- 扩展（expand）：创建额外的节点。
- 模拟（rollouts）：随机生成新节点直至终局。
- 回传（backprop）：根据输出结果更新父节点的评分。

该流程旨在持续扩展最佳推理路径的同时兼顾其他路径的探索，本质上实现了**利用**（exploitation）与**探索**（exploration）的动态平衡。以下是对节点进行选择和评分的典型示例，如图 1-29 所示。

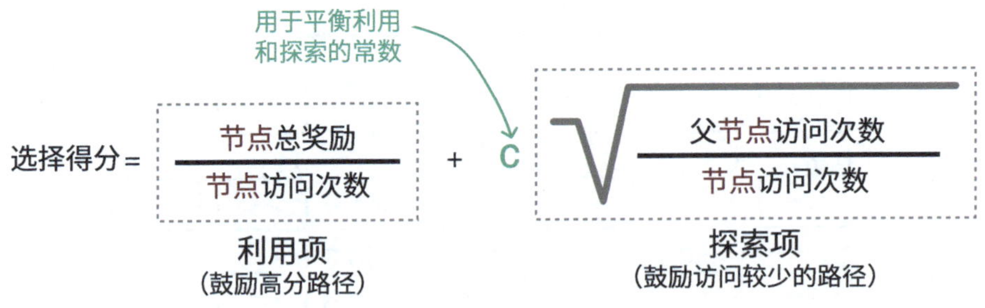

图 1-29　对节点进行选择和评分[①]

因此，当我们选择一个新的推理步骤进行探索时，该步骤并不一定是迄今为止性能最佳的路径。

采用这类方法时，我们首先**选择**一个节点（即推理步骤），并通过生成新的推理步骤来**扩展**它，如图 1-30 所示。与之前一样，这一过程可以通过设置较高且多样化的**温度**值来实现。

接下来从已扩展的推理步骤中选择一个节点，通过多次路径模拟直至获得多个答案。这些模拟路径可以根据推理步骤的质量（PRM）、奖励（ORM）或二者的综合评估进行判断。

完成评估后，通过回传[②]机制更新父节点的评分，继而重新启动从节点选择开始的完整推理流程。模拟和回传的过程如图 1-31 所示。

---

① 每个节点表示候选思考过程中的一个步骤。左侧的“利用项”表示节点的平均回报，鼓励优先选择当前看起来得分更高的路径。右侧的“探索项”在标准 UCB1 公式中通常写为：

$$\sqrt{\frac{\ln(\text{父节点访问次数})}{\text{当前节点访问次数}}}$$

用于提升那些访问次数较少的节点得分，从而鼓励探索新的路径。其中，分子中的对数函数可以避免随着总访问次数增加导致探索项过度膨胀，使搜索策略逐步集中到更有希望的路径上。

——译者注

② 回传与反向传播的英文都是 backpropagation（简写为 backprop），但回传机制是在推理过程中使用的，指的是更新蒙特卡洛树搜索中父节点的评分；而反向传播机制是在训练过程中使用的。——译者注

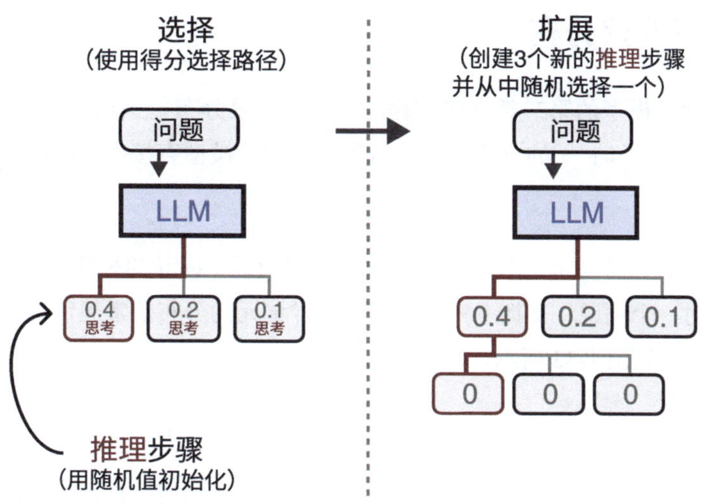

图 1-30　选择与扩展

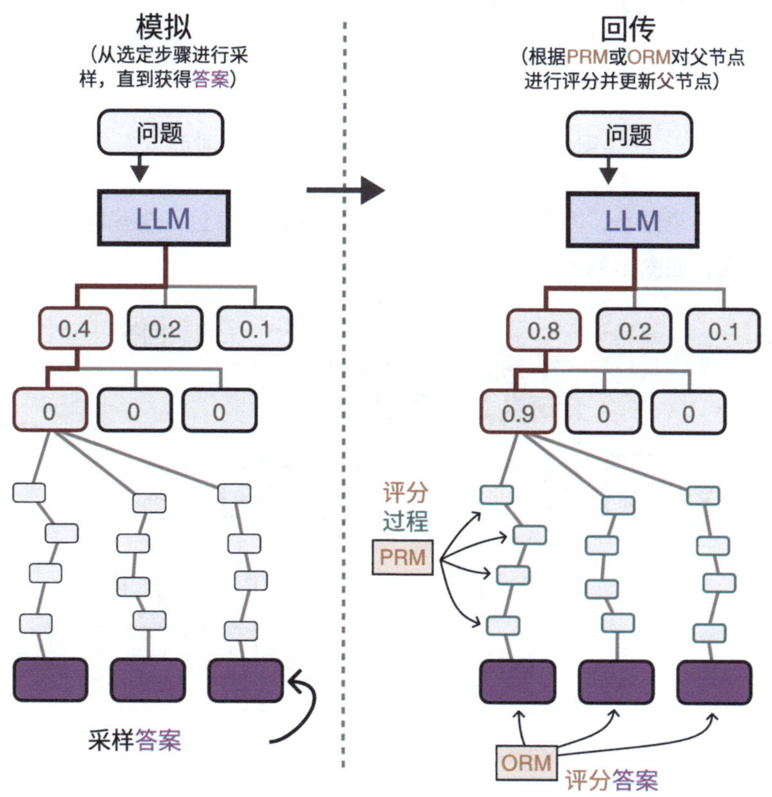

图 1-31　模拟与回传

1.5 调整提议分布

构建推理大模型的第二类方法被称为“调整提议分布”。与基于验证器搜索正确推理步骤（“输出导向”）的方法不同，后者通过训练模型直接生成改进后的推理步骤（“输入导向”）。

具体而言，该方法通过调整补全结果 / 思考过程 / 词元的采样分布来实现优化。假设我们面对一个问题，并拥有一个可从中采样词元的分布。常规策略通常是选取得分最高的词元，如图 1-32 所示。

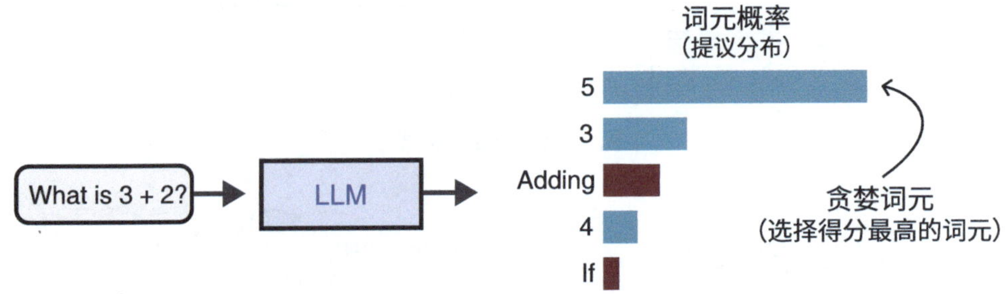

图 1-32　选择词元的常规策略：贪婪词元

然而需要注意的是，图 1-32 中的部分词元被标记为红色。这些词元引发推理过程的可能性更大，如图 1-33 所示。

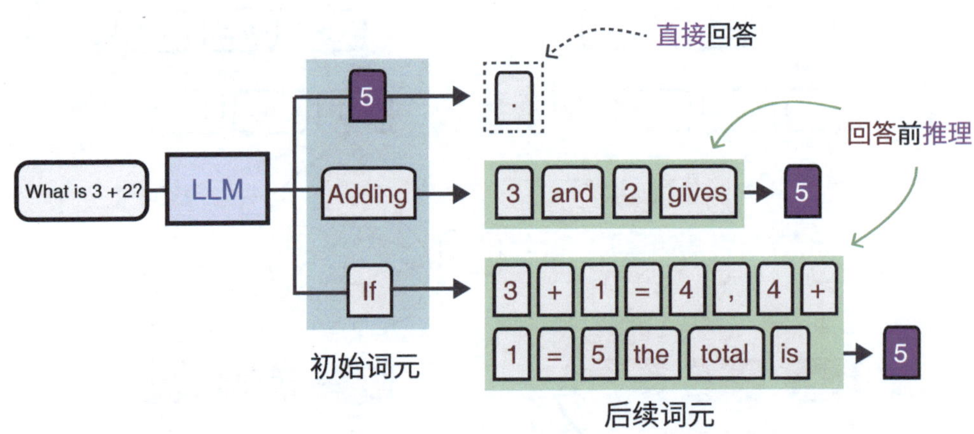

图 1-33　标记为红色的词元的推理过程

虽然选择贪婪词元本身未必错误，但优先选取能够引导推理过程的词元往往可以生成更优质的答案。

调整提议分布（又称词元概率分布）的本质是让模型对该分布进行重新排序，从而使“推理”类词元获得更高的选择优先级，如图 1-34 所示。①

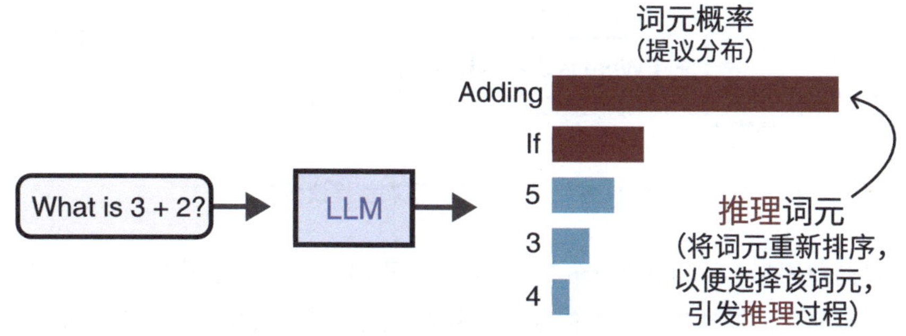

图 1-34 调整提议分布

调整提议分布的方法有多种，但总体上可分为两类：

- 通过提示工程优化提示词；
- 训练模型以专注于推理词元 / 推理过程。

1.5.1 提示工程

提示工程（prompt engineering）的方法允许我们通过优化提示词来改进模型的输出质量。这种方法还可能促使模型展现我们此前观察到的某些推理过程。

若要通过提示词调整提议分布，我们可以为模型提供需要遵循的示例（上下文学习），从而使其生成类推理行为，如图 1-35 所示。

① 提议分布是指模型输出的候选词元的概率分布。在图 1-34 的例子中，模型可能本来倾向于直接输出答案（即输出 3、4、5 的概率更高），但直接输出的答案未经深入思考，正确率不高。调整提议分布就是让模型生成的第一个词元更有可能是推理句子的起始词元，这样模型在生成后续词元时就会尝试补全这个句子，从而触发思考过程。类似地，通过训练模型在准备输出答案前先输出 But、Wait 等词元，可以触发模型反思之前的推理过程。再比如，通过训练模型在遇到复杂的数学计算时，先输出一个工具调用的起始词元，可以触发模型调用计算器来计算数学表达式，提升计算准确率。除了计算器，模型还可以在推理过程中调用搜索、代码执行等多种工具，从而大大提升模型解决实际问题的能力。
——译者注

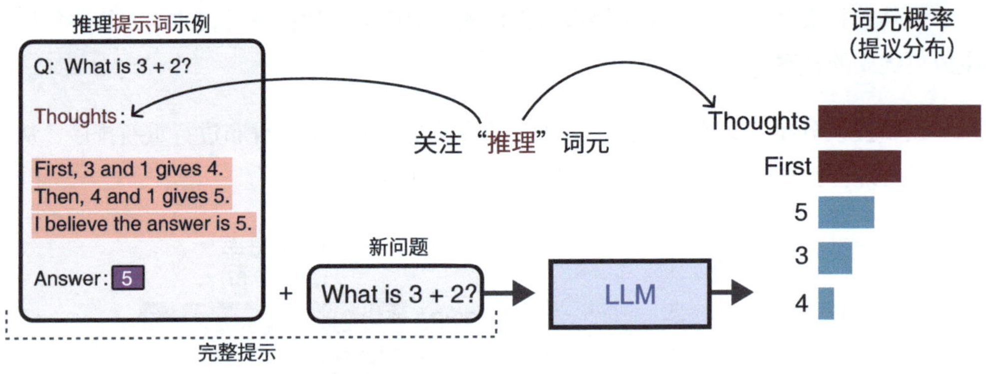

图 1-35　通过提示工程调整提议分布

通过简单添加 Let's think step-by-step[①]（让我们一步一步地思考）这样的提示词，可以进一步简化该推理过程。类似地，这种方式改变了语言模型的提议分布，使其倾向于在正式回答问题前先将推理过程分解为多个步骤，如图 1-36 所示。

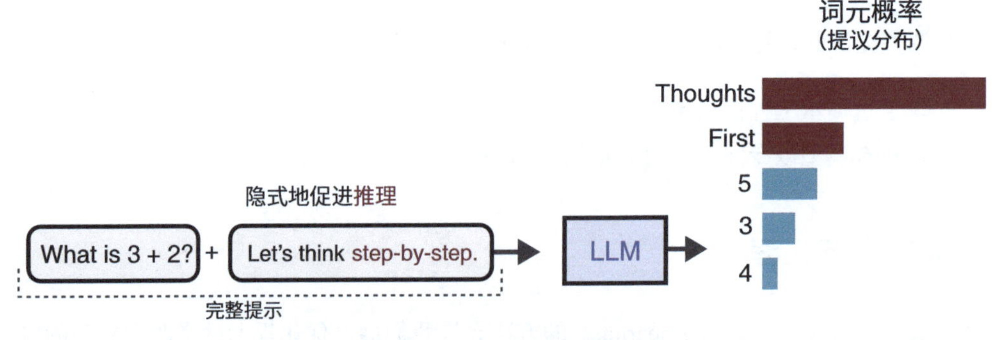

图 1-36　添加隐式促进推理的提示词

然而，仅仅通过添加提示词的方法，模型本身并未真正学会遵循这一流程。此外，这种静态且线性的流程会阻碍模型的自我修正——如果模型在初始阶段就采用了错误的推理路径，它往往会延续错误，而不是对其进行修正。

1.5.2　STaR 方法

除了使用提示工程，我们还可以通过训练模型生成推理步骤并给予奖励的方式，

① Kojima, Takeshi, et al. "Large Language Models are Zero-Shot Reasoners." Advances in Neural Information Processing Systems 35 (NeurIPS 2022): 22199-22213.

引导模型学会“推理”。这种方法通常需要大量的推理数据，并借助强化学习来奖励特定的行为。

一种备受争议的技术是 STaR（Self-Taught Reasoner[①]，自我教导推理器）方法。该方法利用大模型自动生成推理数据，并以此作为微调模型的输入，其流程大体如下所示。

①生成推理步骤和答案。若答案正确②a，则将推理过程和答案组合成三元组训练数据集③a，这些数据随后用于对模型进行监督微调（supervised fine tuning，SFT）⑤，如图 1-37 所示。

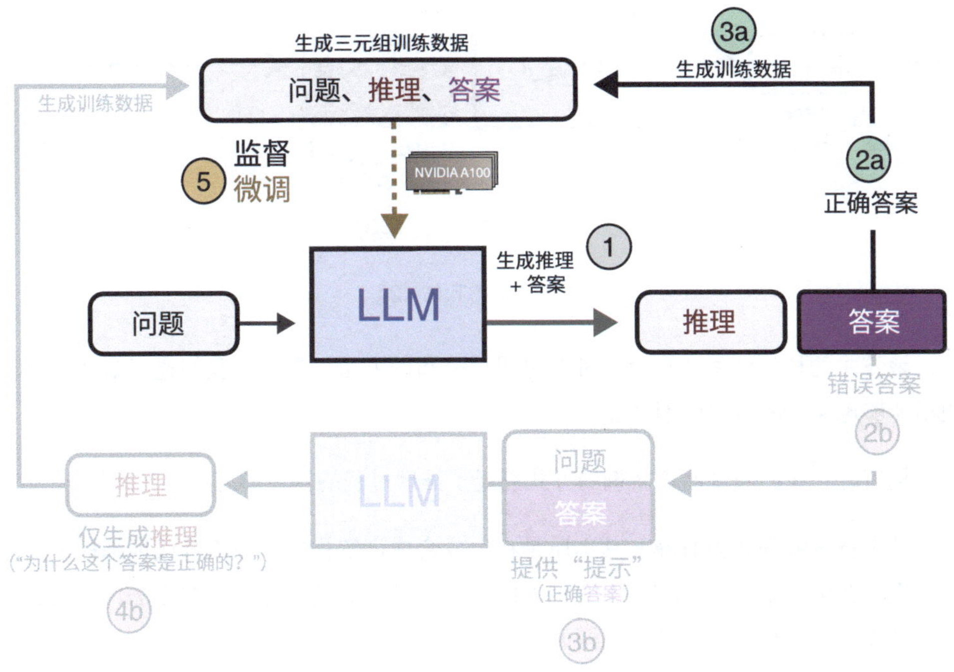

图 1-37 STaR（1）

然而，若模型给出错误答案②b，我们则提供“提示”（即正确答案）并要求模型推理该答案为何正确④b。同样地，这里构造的三元组训练数据将用于对模型进行**监督微调**⑤。推理模型的训练流程如图 1-38 所示。

① Zelikman, Eric, et al. “STaR: Bootstrapping Reasoning With Reasoning.” Advances in Neural Information Processing Systems 35 (NeurIPS 2022): 15476-15488.

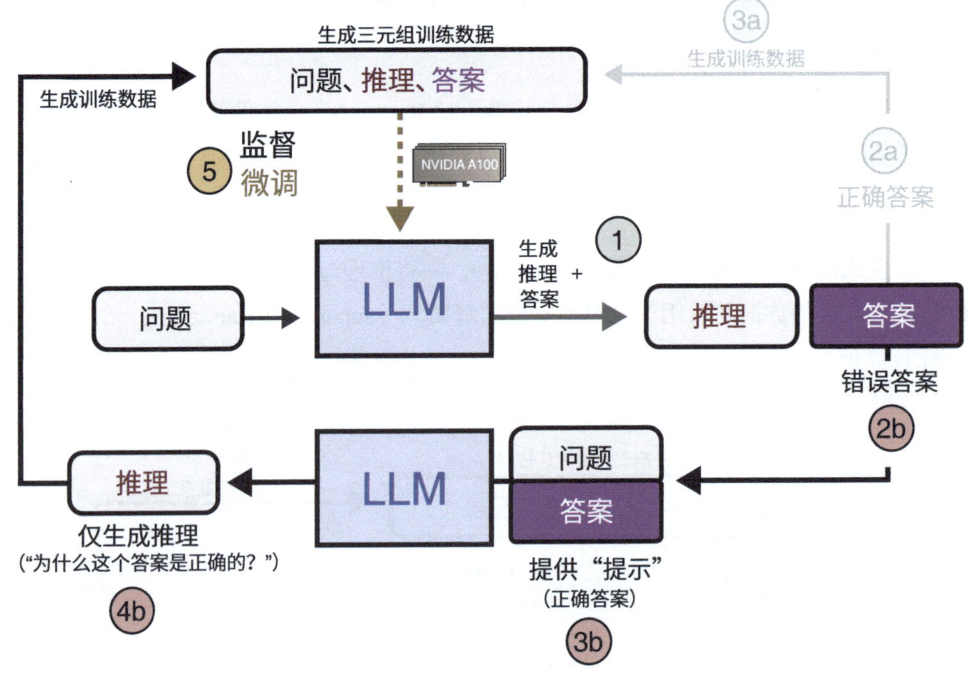

图 1-38 STaR（2）

该技术的核心要素（配合多种改进提议分布的方法）在于：我们通过显式训练使模型能够遵循所展示的推理过程。

换言之，我们通过**监督微调**的方式确定了推理过程的具体形态。

整个技术流程尤为有趣，其本质是在生成**合成训练样本**。使用合成训练样本（正如我们将在接下来 DeepSeek-R1 的相关内容中探讨的）是一种卓越的方法，可将这种推理过程**蒸馏**[①]（distill）到其他模型中。

1.6 小结

本章首先介绍了推理大模型的概念、发展及其与传统大模型的区别。推理大模型通过将问题分解为更小的推理步骤或思考过程，从而提升模型在复杂任务中的表现。这种模型的核心在于学习“如何回答”，而非仅仅“回答什么”。

① 模型蒸馏是一种将较大模型（通常称为“教师模型”）中学到的知识传递给较小模型（通常称为“学生模型”）的技术，其目标是在保留性能的同时显著减少模型的体积和推理开销。——译者注

本章还详细介绍了从训练时计算到测试时计算的范式转变。传统的训练时计算主要依赖增加模型参数量、数据量和计算量来提升性能，但随着规模扩大，边际收益递减，研究人员开始关注测试时计算。测试时计算的目标是优化模型在推理阶段的表现，生成更多的中间思考步骤或上下文信息，从而提升最终输出的准确性。

1.7 延伸阅读

希望本章能为你理解推理大模型提供一个通俗易懂的入门指南。若需深入研究，建议你参考以下资源。①

- Hugging Face 团队发布的技术文章“Scaling Test-Time Compute with Open Models”（《使用开源模型扩展测试时计算》），通过实验探讨测试时计算的扩展策略。
- YouTube 视频“Speculations on Test-Time Scaling (o1)”（“测试时扩展的技术推演（OpenAI o1）”）深入解析常见测试时计算技术的实现细节。

① 更多可参考资源如下。
- Thinking Machines Lab 联合创始人、OpenAI 前安全副总裁 Lilian Weng 的博客文章“Why We Think”（发表于 2025 年 5 月）深入讲解了测试时计算和推理模型的最新研究进展。
- 如果你需要训练推理语言模型，verl 和 OpenRLHF 是两个不错的开源框架。
- 如果你希望用少量计算资源就可以自己动手训练一个推理语言模型，TinyZero 是一个不错的开始。它仅依赖一个不具备推理能力的开源 3B 基座模型，而你只需花费几十美元的 GPU 成本，就能让该模型学会求解 24 点问题和大整数乘法——这类任务通常难以仅通过提示词完成。

——译者注

第 2 章

架构设计

DeepSeek-R1 与 GPT-2 和 GPT-3 等早期模型一脉相承，同样采用了 Transformer 解码器模块的堆叠架构。DeepSeek-R1 模型包含 61 层 Transformer 解码器模块，其中前 3 层为稠密层，其余 58 层均为 MoE（Mixture-of-Experts，混合专家）层，如图 2-1 所示。

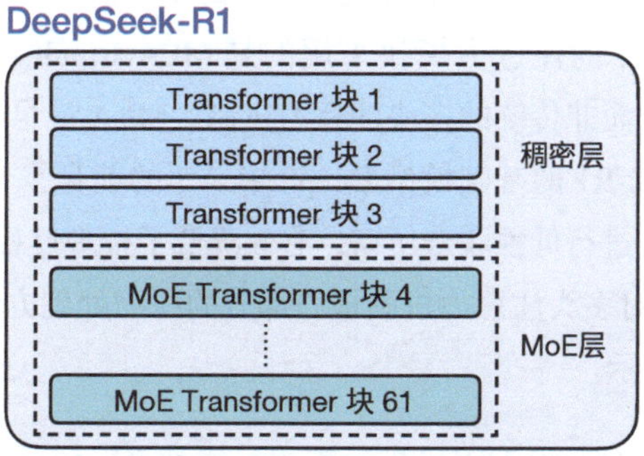

DeepSeek-R1

Transformer 块 1 Transformer 块 2 Transformer 块 3	稠密层
MoE Transformer 块 4 ⋮ MoE Transformer 块 61	MoE层

图 2-1 DeepSeek-R1 整体架构

在本章中，我们将从前 3 层着手深入探讨 DeepSeek-R1 的架构设计。

2.1 稠密层

前 3 层 Transformer 块的结构与当前主流大模型相似，且规模一致。每个 Transformer 块首先对输入采用均方根层归一化[①]（root mean square layer normalization，RMSNorm）操作（简称 RMS 归一化），以实现稳定且高效的归一化过程。完成注意力机制运算后，系统会再次执行归一化操作。经过这些关键步骤形成的特征表示，最终会送入前

① 均方根层归一化是一种在神经网络中对输入进行归一化的技术。它的实现方式是先计算输入张量中每个元素的平方的均值，然后取其平方根（RMS），最后用输入除以这个 RMS 值并乘以一个可学习的缩放因子。均方根层归一化的目的是稳定训练过程，加速模型收敛。——译者注

馈神经网络（feed forward neural network，FFNN）进行深度处理。DeepSeek-R1 稠密层结构如图 2-2 所示。

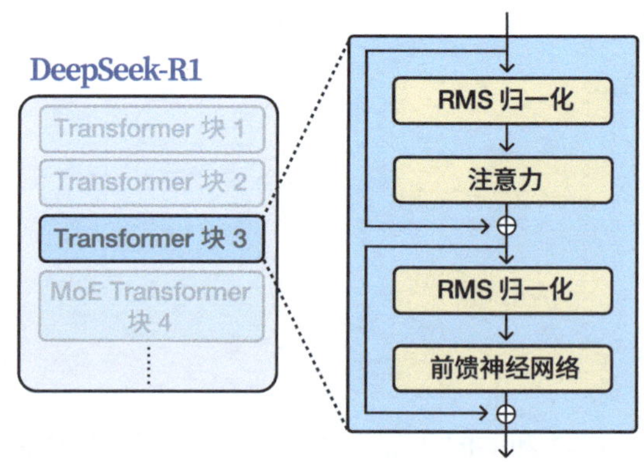

图 2-2　DeepSeek-R1 稠密层结构

虽然大部分子模块的结构与当前主流大模型的子模块的结构类似，但存在一个关键区别——DeepSeek-R1 的注意力模块采用的是 MLA（multi-head latent attention，多头潜在注意力）机制，而非传统的多头注意力机制。MLA 最早应用于 DeepSeek-V2 模型中，也就是 DeepSeek-R1 的基础模型 DeepSeek-V3 的前身[①]。MLA 通过对 K（key，键）和 V（value，值）进行低秩联合压缩，有效降低了推理过程中的 KV（键 - 值）缓存需求。MLA 可视为对多头注意力机制核心部分的压缩处理方法。[②] 稠密层注意力子模块的结构如图 2-3 所示。

在此压缩过程中，模型会对 KV 进行缓存。这种 KV 缓存机制使得推理过程更加高效——当生成新词元时，可以直接利用缓存值来快速更新注意力矩阵。[③] 该方法不仅避免了重新计算已生成词元的开销，其效率也超越了先前诸如 GQA（grouped query attention，分组查询注意力）等方法。

---

① Liu, Aixin, et al. “DeepSeek-V2: A strong, economical, and efficient mixture-of-experts language model.” arXiv preprint arXiv:2405.04434 (2024).

② 具体来说，MLA 对注意力机制中的 Q、K、V 向量分别做了低秩投影。例如在 DeepSeek-V3 中，MLA 把 7168 维的 K、V 分别压缩为 512 维，把 7168 维的 Q 压缩为 1536 维。——译者注

③ 使用低秩 KV 并不简单，主要挑战在于 RoPE（旋转位置嵌入）对位置信息的要求。由于 Q 和 K 都经过 RoPE 处理而变得对位置高度敏感，如果直接对压缩后的 K 应用 RoPE，会导致其同样具备位置敏感性，从而在推理时必须重新计算所有前缀词元的 K。这意味着无法使用 KV 缓存，严重影响推理效率。为了解决这个问题，MLA 引入了一个维度较小的额外位置向量（如图中红框所示），仅对其应用 RoPE 编码，并采用类似 MQA（多头共享参数）的方式将其与不含位置信息的低秩 K 向量拼接。这种结构既能补充位置信息，又避免了对整个 K 向量重新编码，从而保留 KV 缓存机制，提升推理效率。在 DeepSeek-V3 中，512 维的低秩 KV 向量中额外添加了 64 维的位置编码向量。——译者注

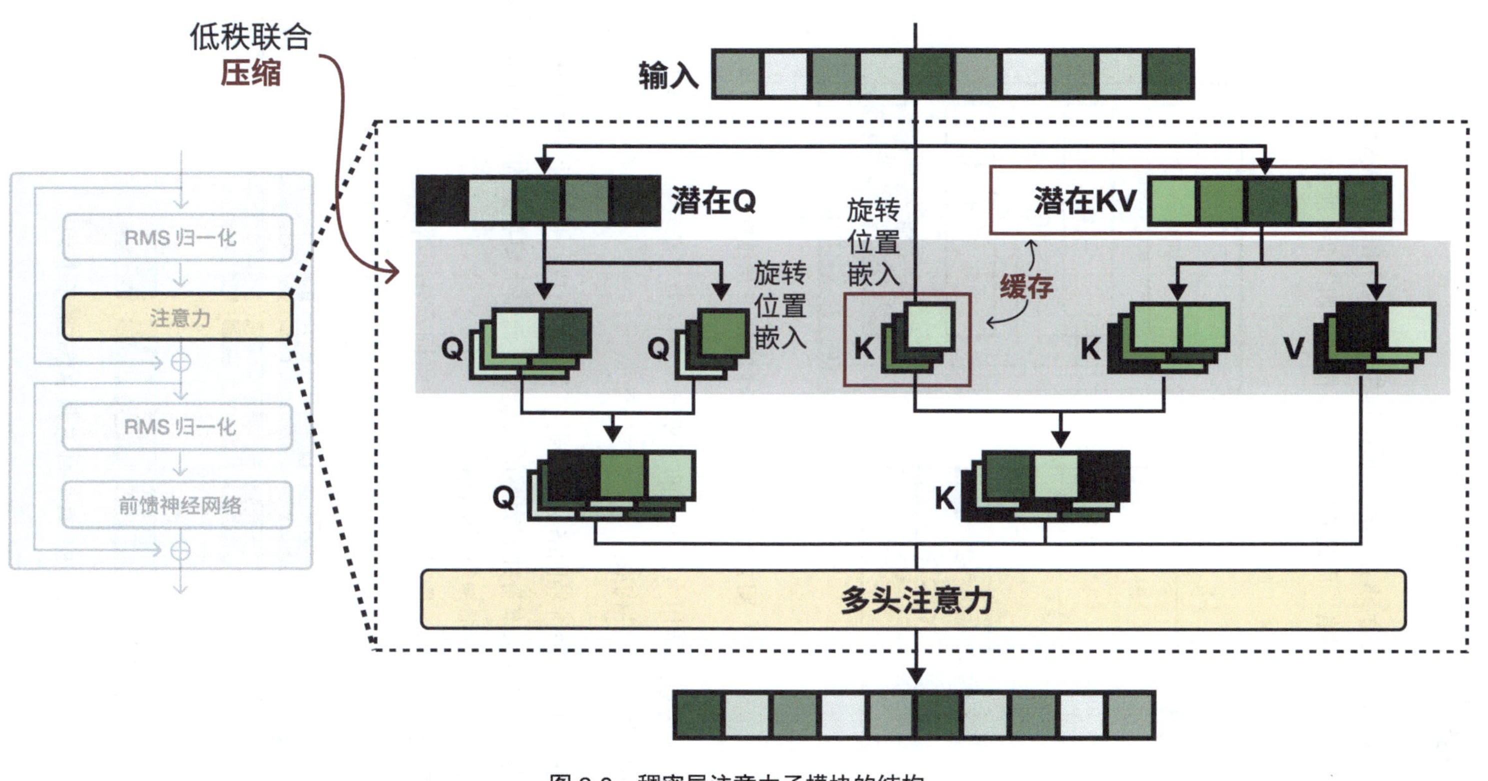

图 2-3 稠密层注意力子模块的结构

2.2 MoE 层

DeepSeek-R1 的其余 58 层与前 3 层结构相似，但存在一个关键差异：这些层没有采用常规的前馈神经网络，而是使用了 MoE 机制，如图 2-4 所示。

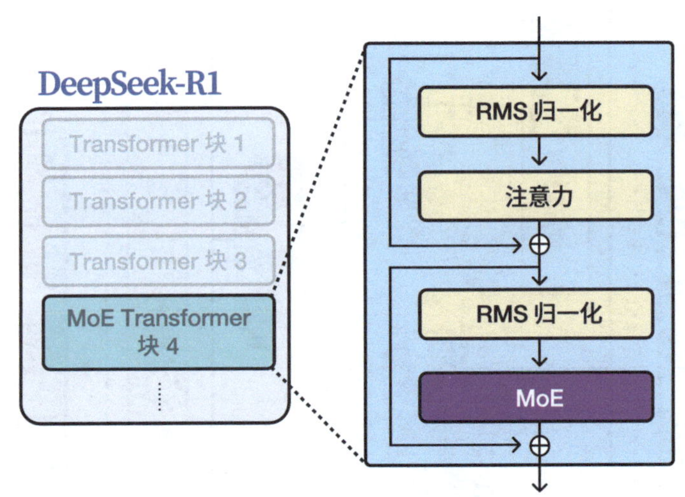

图 2-4　DeepSeek-R1 的 MoE 层结构

MoE 是一种通过使用多个不同的子模型（也称为“专家”）来提升大模型质量的技术，它由两大核心组件构成。

- **专家**　每个前馈神经网络层由一组“专家”组成，具体计算时可从中选择一个子集。这些专家本身并非完整的大模型，而是大模型架构中 MoE 的组成部分，通常本身也是前馈神经网络结构。
- **路由器**（也称为门控网络）　负责决定将词元分配给特定的专家模块。如图 2-5 所示，在采用 MoE 机制的每个 MoE 层中，都有若干个专家。

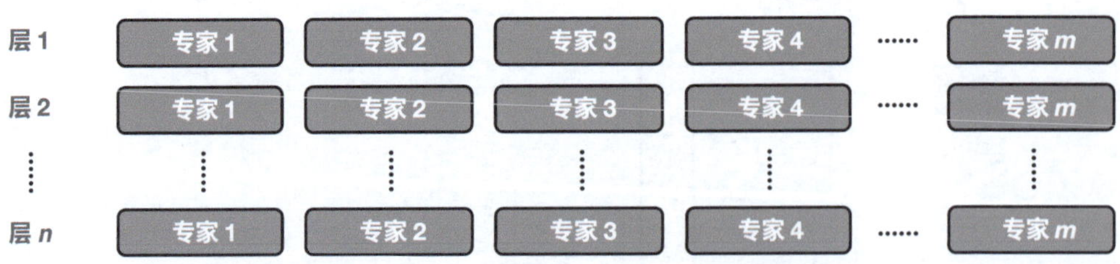

图 2-5　每个 MoE 层中存在若干个专家

需要注意的是，所谓“专家”的“专”并非指心理学或生物学等特定领域的专业人士，充其量，它只是在单词层面上学习一些句法信息而已[①]，如图 2-6 所示。

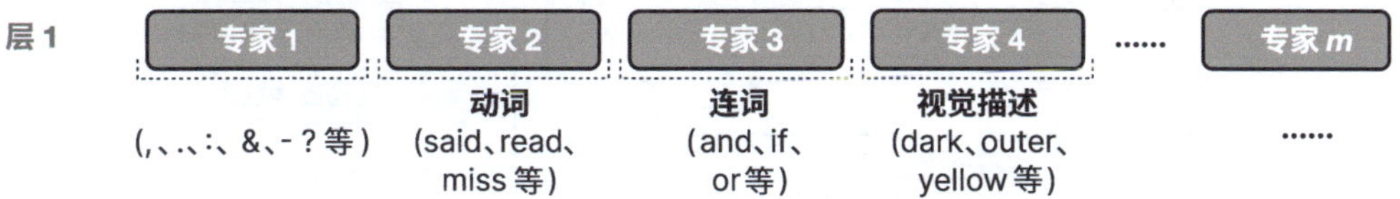

图 2-6　专精于单词层面的句法信息的不同专家

更准确地说，专家是能够在特定上下文中处理特定词元的子模块。路由器（门控网络）会根据输入的内容，选择最合适的专家，如图 2-7 所示。[②]

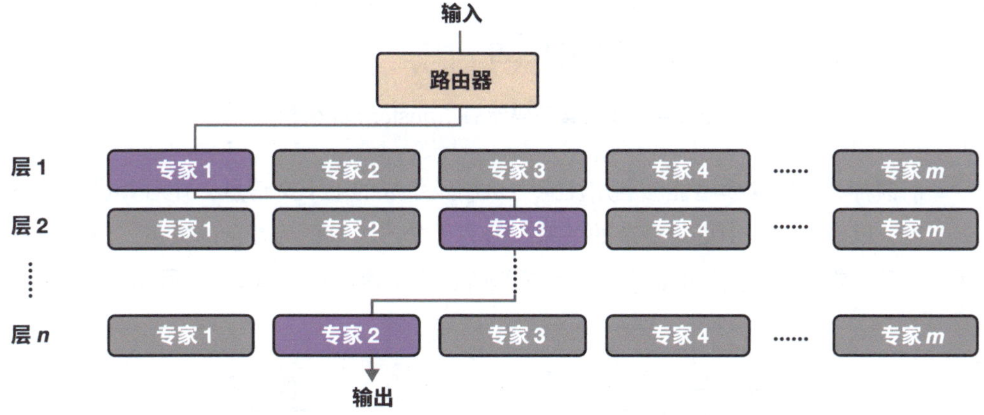

图 2-7　路由器根据输入选择最合适的专家

2.2.1　专家机制

为理解专家的本质及其运作原理，我们首先回顾一下 MoE 所替代的传统稠密层。

MoE 起源于大模型中一个相对基础的组成部分：前馈神经网络。在标准的仅包含解码器的 Transformer 架构中，前馈神经网络（FFNN）通常位于层归一化操作之后，如图 2-8 所示。

① Zoph, Barret, et al. “ST-MoE: Designing Stable and Transferable Sparse Expert Models. arXiv 2022.” arXiv preprint arXiv:2202.08906.

② Transformer 的每一层都有自己独立的路由器和一组专家。根据该层路由器的选择，每一层每处理一个词元，都会有一个或多个专家被激活。不同词元、不同层激活的专家未必相同。——译者注

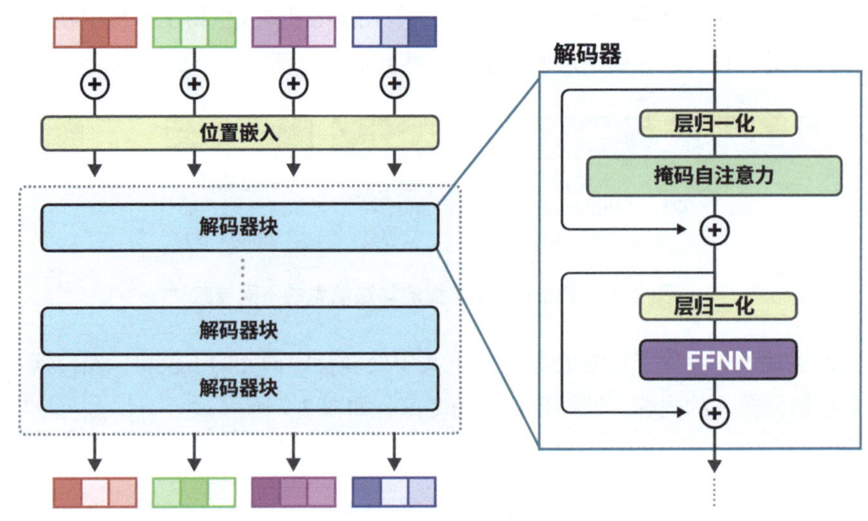

图 2-8　仅包含解码器的 Transformer 架构

前馈神经网络使模型能够利用注意力机制所生成的上下文信息，并对其进行进一步变换，以捕捉数据中更为复杂的关系。但为了学习这些更为复杂的关系，前馈神经网络通常需要扩展其接收的输入，因此模型规模会迅速增长，如图 2-9 所示。

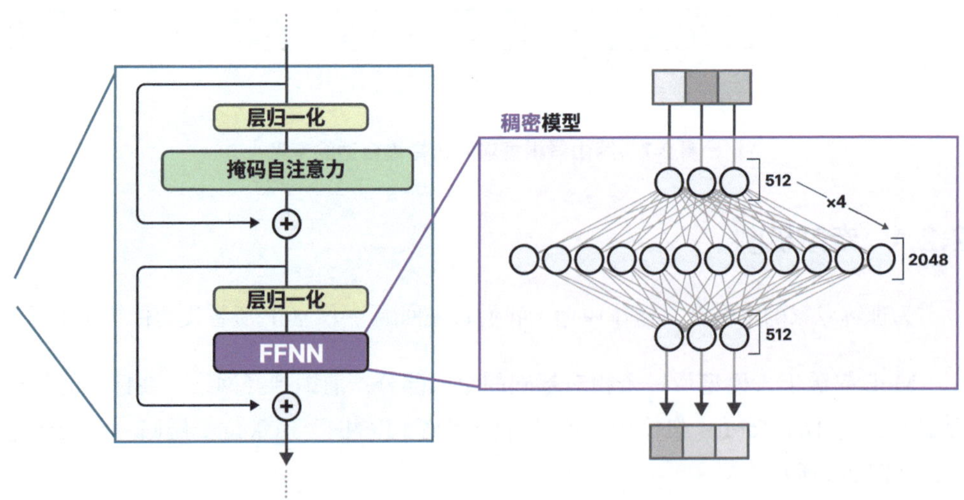

图 2-9　传统 Transformer 中的前馈神经网络的稠密模型架构

传统 Transformer 中的前馈神经网络之所以被称为稠密模型，是因为其所有参数（包括权重和偏置）都会被激活，如图 2-10 所示。换句话说，所有参数都会参与输出的计算，激活程度虽然不同，但没有任何部分被闲置。

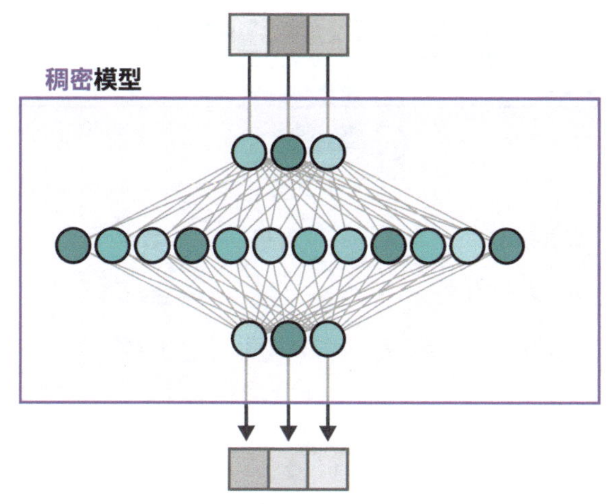

图 2-10　稠密模型：所有参数都会被激活

相比之下，稀疏模型仅激活部分参数，其机制与 MoE 密切相关。为了说明这一点，我们可以将稠密模型切割成若干部分（即所谓的专家），对其进行重新训练，并在给定时刻仅激活其中一部分专家，如图 2-11 所示。

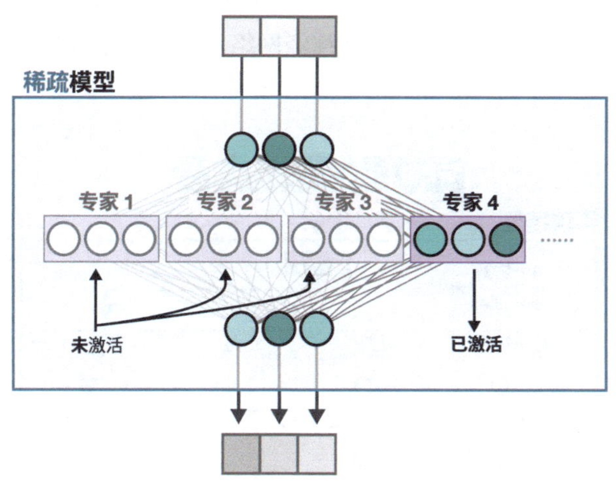

图 2-11　稀疏模型

这一机制背后的核心思想是：每个专家在训练过程中会学习到不同的知识。在推理过程中，模型只激活与当前任务相关性最强的专家，从而实现更高效的计算。举例来说，当模型接收到一个问题时，它会挑选最擅长处理该类任务的专家来生成回答，如图 2-12 所示。

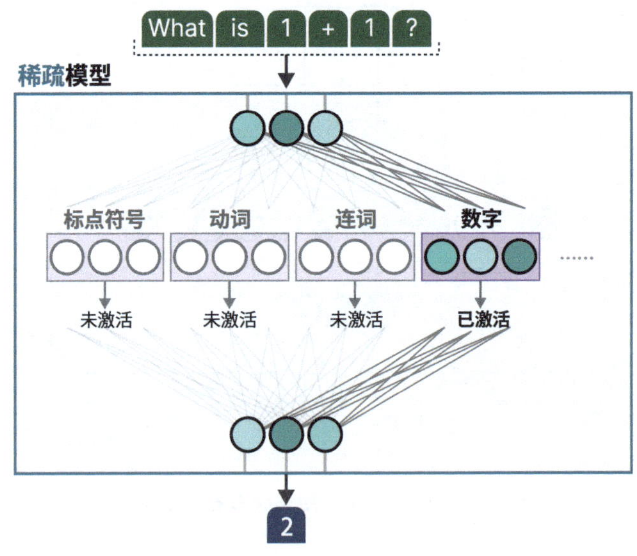

图 2-12　在推理时，模型挑选最合适的专家来生成回答

为了方便理解，我们可以把专家想象成：把一个稠密模型中的隐藏层（比如一个大矩阵）切成很多小块，每个小块负责一部分工作。但实际上，在真实的稀疏模型设计里，每个专家往往是一个完整的前馈神经网络，而不是单纯的“某一层的碎片”，如图 2-13 所示。

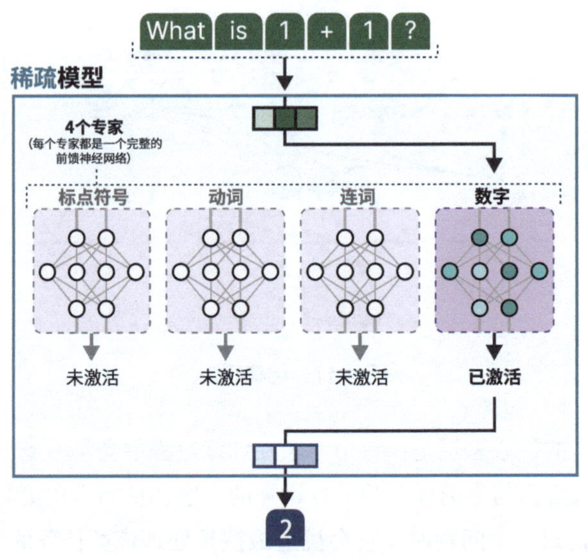

图 2-13　专家是完整的前馈神经网络

大部分大模型通常包含多个解码器，在生成最终输出之前，输入文本会依次经过多个专家处理，如图 2-14 所示。

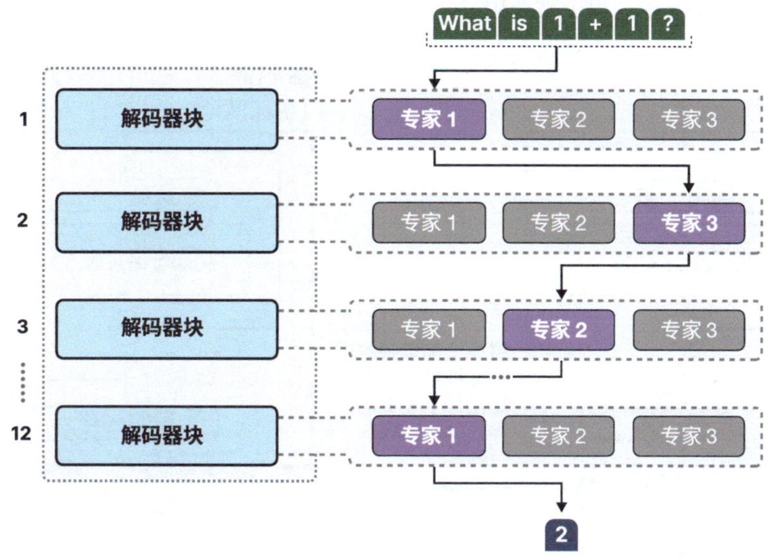

图 2-14　在生成最终输出之前，输入文本通常会经过多个专家处理

所选专家因词元而异，从而导致激活的执行“路径”有所不同，如图 2-15 所示。

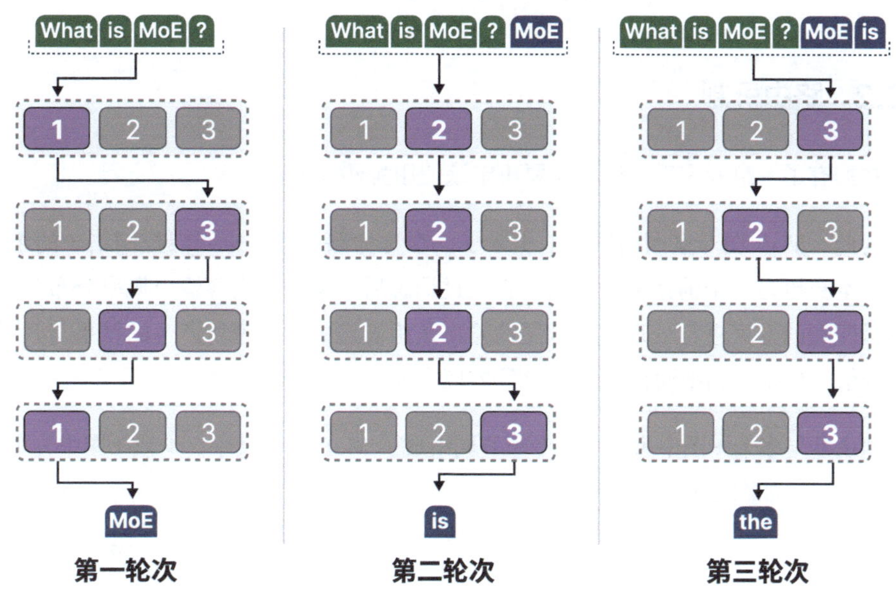

图 2-15　所选专家因词元而异，从而激活不同的执行路径

简单总结一下，采用 MoE 的解码器如图 2-16 所示，其用多个（图中为 4 个）前馈神经网络替换了稠密模型中单一的前馈神经网络结构，其中每个前馈神经网络表示一个专家，可在推理过程中被调用。

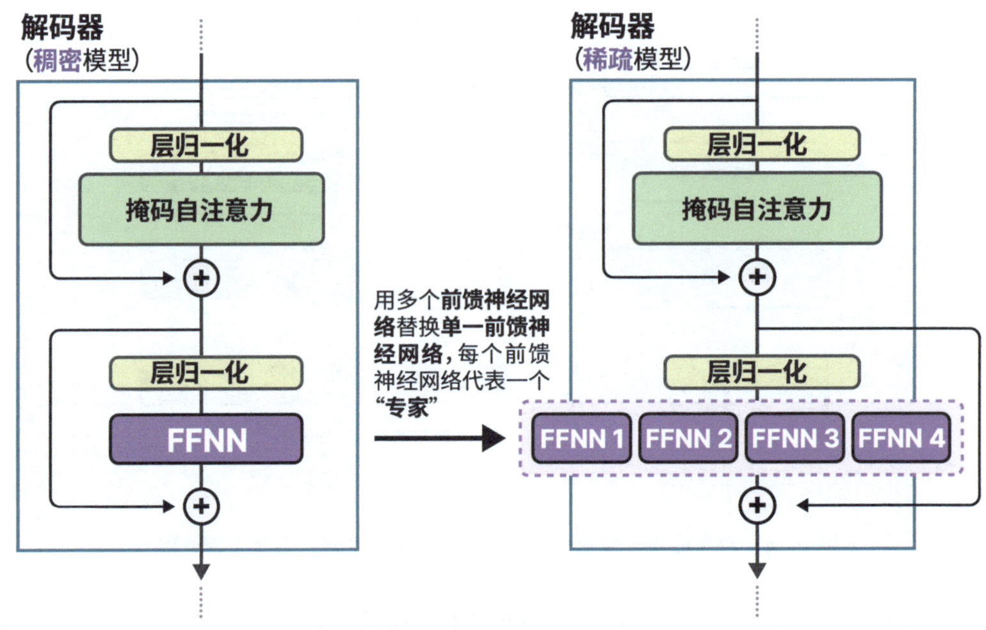

图 2-16　采用 MoE 的解码器

2.2.2　路由机制

在拥有了一组专家后，模型需要决定该使用哪些专家。

为此，MoE 在专家网络层之前引入了一个称为路由器（也叫门控网络）的组件。路由器本身也是一个前馈神经网络，它经过训练后根据输入内容输出概率分布，从而挑选最匹配的专家进行处理。专家层的输出是由被选中的专家所产生的结果与其对应的门控值（概率）相乘而得到的，如图 2-17 所示。

路由器与多个（图中为 4 个）专家共同组成了 MoE 层，其中仅少数（图中为 1 个）专家会被选，如图 2-18 所示。

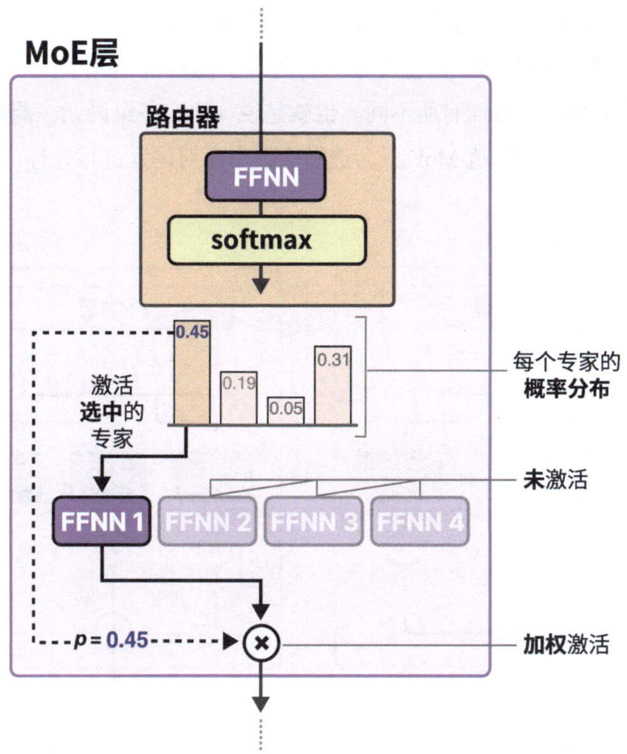

图 2-17　路由器处理流程

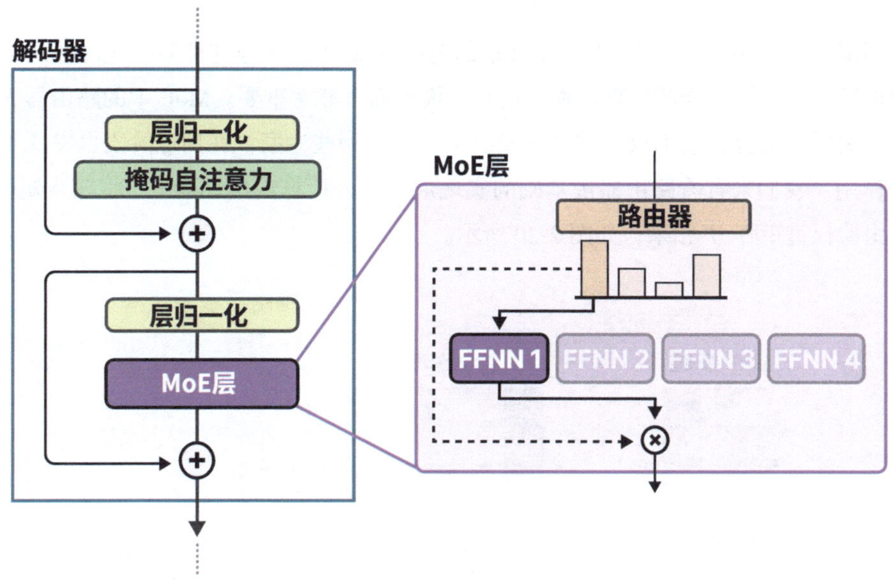

图 2-18　MoE 层

MoE 层通常有两种配置方式：稀疏混合和稠密混合。两者均采用路由器来选择专家，不同的是，稀疏 MoE 激活少量专家进行处理，而稠密 MoE 则会激活所有专家，只是专家的参与程度根据输入而有所不同。也就是说，给定一组词元，稠密 MoE 会将这些词元分配给所有专家，而稀疏 MoE 只会选择少数专家对词元进行处理，如图 2-19 所示。

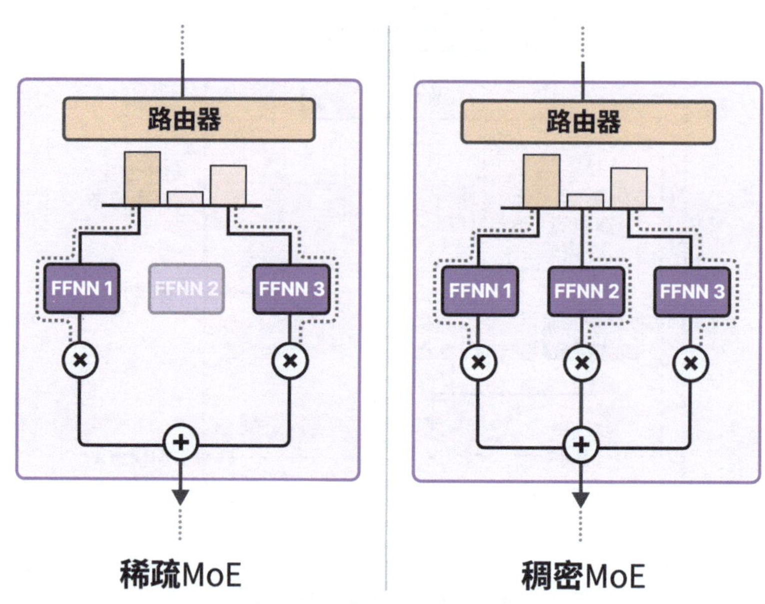

图 2-19　稀疏 MoE 与稠密 MoE

当前大模型中所提到的 MoE 通常指的是稀疏 MoE，因为这种架构允许使用部分专家进行处理，从而降低计算成本，这对大模型而言非常重要。MoE 中的路由器无疑是最为关键的部分，它不仅在推理阶段决定了选择哪些专家，在训练阶段也发挥着同样的作用。我们来看看路由器最基础的实现形式，先计算输出矩阵——将输入矩阵 $\boldsymbol{x}$ 与路由器权重矩阵 $\boldsymbol{W}$ 相乘，如图 2-20 所示。

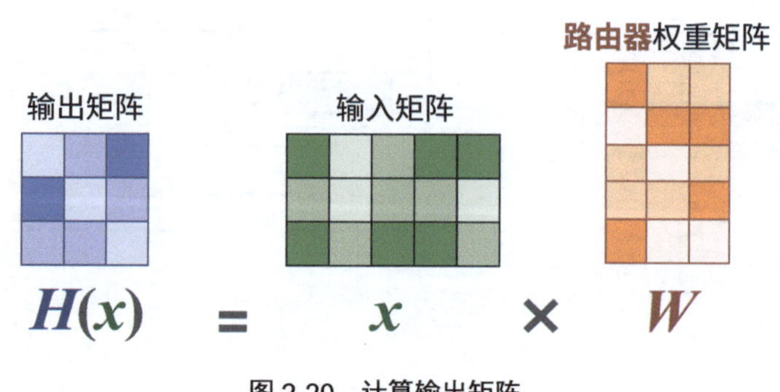

图 2-20　计算输出矩阵

接着对输出结果施加 softmax 函数，从而为每个专家生成一个概率分布 $G(\boldsymbol{x})$，如图 2-21 所示。

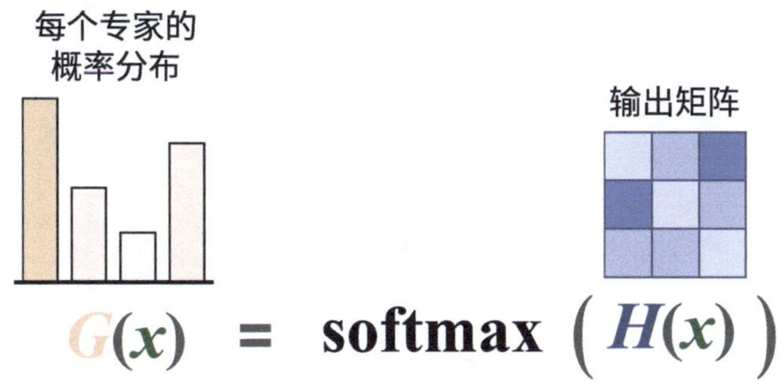

图 2-21　每个专家的概率分布

路由器利用这一概率分布为给定输入选择最匹配的专家。最终，路由器的输出（即选择概率）与各被选中的专家的输出相乘，并对结果进行加权求和，从而生成最终的输出，如图 2-22 所示。

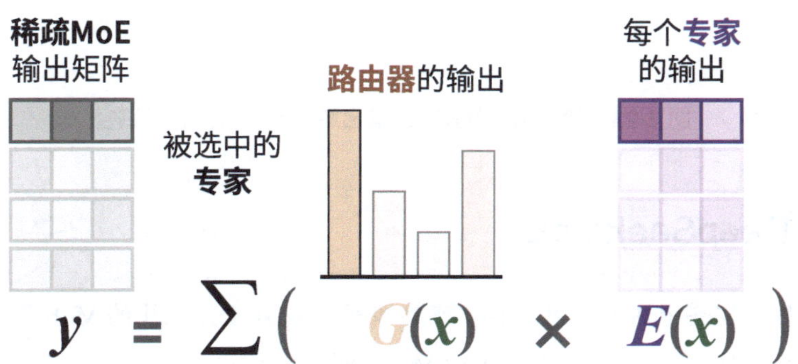

图 2-22　最终的输出

综合前述机制，给定输入矩阵 $\boldsymbol{x}$，输出结果 $\boldsymbol{y}$ 生成的完整路径如图 2-23 所示。

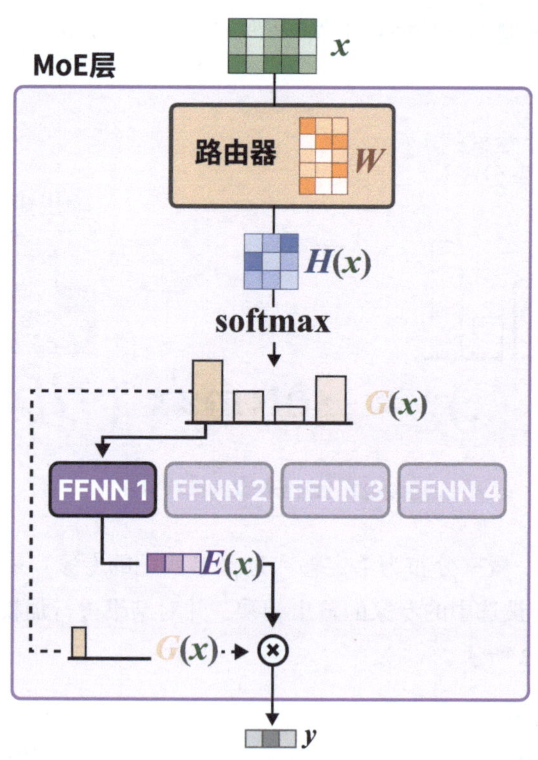

图 2-23　给定输入矩阵 x，输出结果 y 生成的完整路径

2.2.3 DeepSeekMoE

在了解了 MoE 机制后，我们接下来将探索 DeepSeek 所采用的 MoE 架构。该架构最早在其拥有 164 亿个参数的 DeepSeekMoE[①] 模型中提出。

DeepSeek-R1 中 MoE 的基础是 Top-K 路由策略。在该机制中，路由器会简单地选择得分最高的 K 个专家，并通过聚合这些专家的输出结果完成计算，如图 2-24 所示。

DeepSeekMoE 研究团队指出：当专家数量较少时，每个专家往往会覆盖多种类型的知识。这就使得单个专家难以有效运用其广泛的知识储备。研究团队认为增加专家数量有利于每个专家学到更加专业的知识。为此，研究团队将专家分解为更小的专家单元，即通过降低隐藏层维度（采用更精简的前馈神经网络结构）创建更多更小型的

① Dai, Damai, et al. “DeepSeekMoE: Towards Ultimate Expert Specialization in Mixture-of-Experts Language Models.” arXiv preprint arXiv:2401.06066 (2024).

专家，从而促使每个专家能够专注于学习特定领域的专业知识。这一方法被称为细粒度专家分割（fine-grained expert segmentation），如图 2-25 所示。

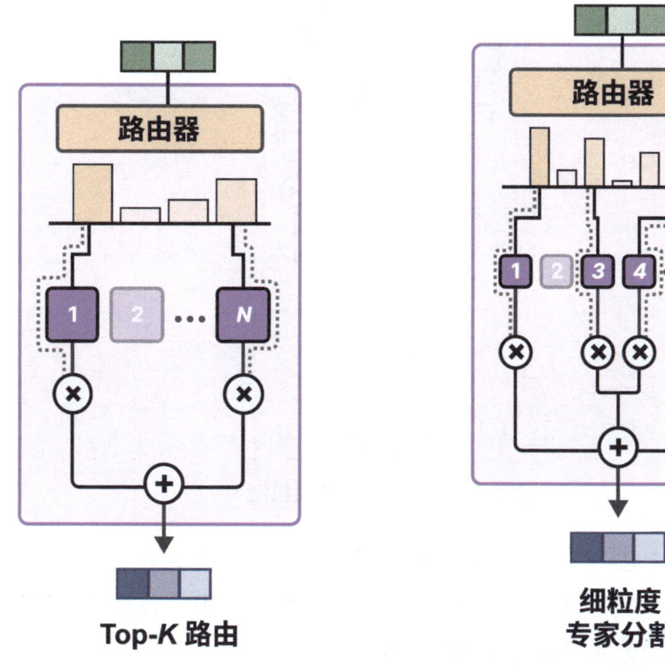

图 2-24　Top-K 路由机制

图 2-25　细粒度专家分割

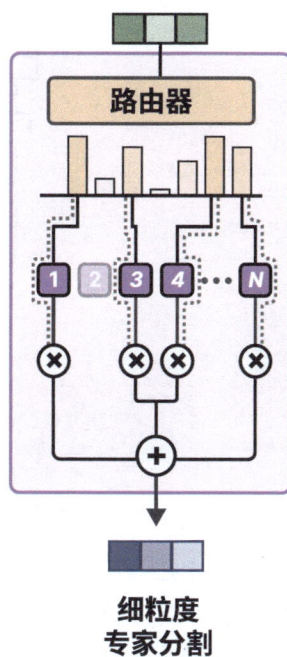

需要注意的是，这种方法在计算成本上与之前的方法一样。相较于使用少数大型专家，系统采用了多个小型专家，但专家的总参数量保持不变。因此，为了维持相同的计算成本，需要激活更多专家参与计算。然而，该策略也带来一个问题，每个专家仍需学习一定量的通用知识，这可能导致不同专家之间在知识上存在冗余，从而在一定程度上削弱了专家学习专业知识的能力。

为解决这一问题，DeepSeek 提出了一种简洁且有效的方案：将部分专家显式设定为共享专家（shared experts[①]）。这些共享专家在处理所有词元的过程中始终处于激活状态，因此具备天然的动机去学习通用性更强的知识。这种方法被称为共享专家隔离（shared expert isolation），它有效地缓解了知识冗余问题，并提升了其他专家专注于特定任务的能力，如图 2-26 所示。

① Rajbhandari, Samyam, et al. "DeepSpeed-MoE: Advancing Mixture-of-Experts Inference and Training to Power Next-Generation AI Scale." *International Conference on Machine Learning*. PMLR, 2022.

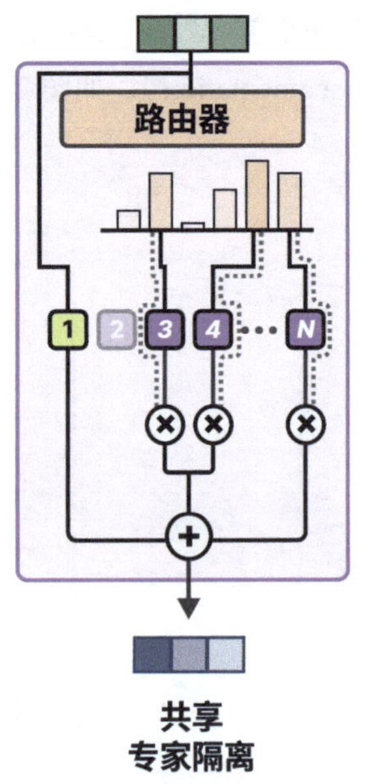

图 2-26　共享专家隔离机制

通过结合使用上述三种方法，DeepSeek 实现了专家功能的有效分工：由路由器选择的专家通过细粒度专家分割专注于学习更加专业化的知识，而共享专家则通过共享专家隔离机制被激励去学习通用性知识，如图 2-27 所示。

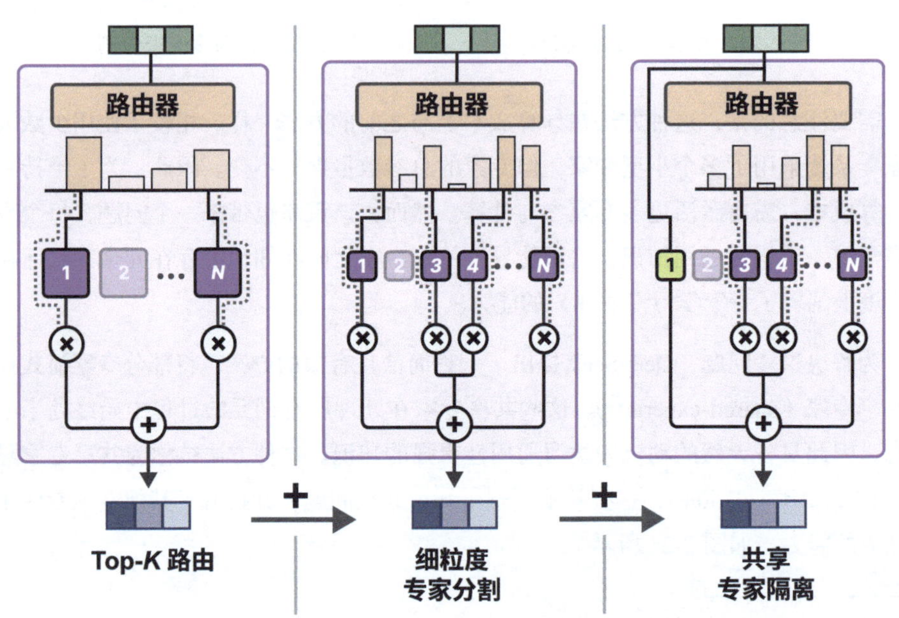

图 2-27　DeepSeek 结合三种方法实现专家的有效分工

然而，即使引入了上述改进，仍无法保证路由器每次都会选择一组多样化的专家。在某些情况下，可能无论输入什么样的内容，路由器都反复选择同一组专家，导致模型过度依赖少数几个专家，这一现象被称为**路由崩塌**（routing collapse[①]），如图 2-28 所示。

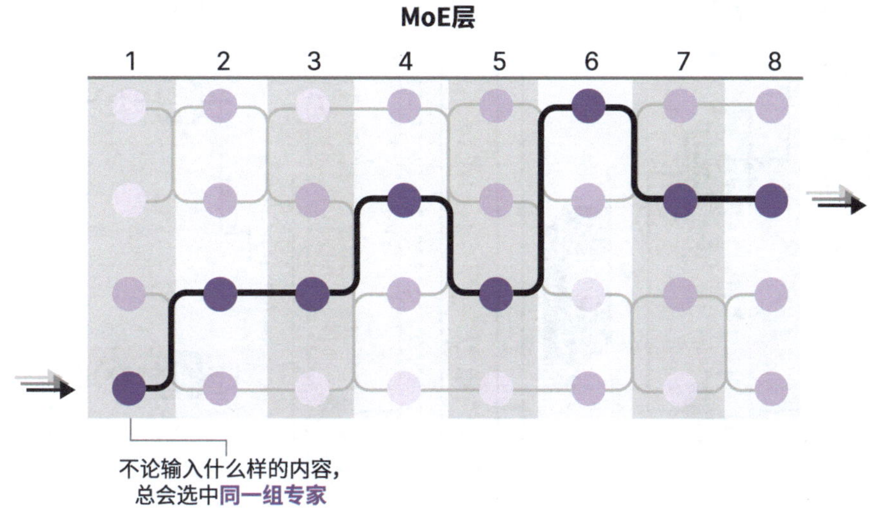

图 2-28　路由崩塌

为了在训练与推理阶段实现专家之间的均衡利用，DeepSeekMoE 引入了负载均衡机制。在训练阶段，为了使专家分布更加均匀，DeepSeekMoE 在常规损失函数的基础上引入了两种**辅助损失函数**（也称为负载均衡损失）：其一为**专家级损失**（expert-level loss），用于鼓励模型持续使用多样化的专家组合，防止路由崩塌现象的发生（然而，当使用大量 GPU 并行训练时，由于施加了过多约束，这种强制性的均衡可能会导致性能下降）；其二为**设备级损失**（device-level loss），用以促进不同设备[②]间的负载均衡，从而提高整体效率。

至此，DeepSeek-R1 的主要组成部分就介绍完毕！让我们简要回顾一下目前所了解的内容：模型前 3 层为 Transformer 稠密层，但引入了多头潜在注意力机制；其余 58 层为 MoE 层，同样采用了多头潜在注意力机制，如图 2-29 所示。

模型维度大小及其他超参数的配置情况如图 2-30 所示，其中包含一个共享专家和 256 个小型专家，每次处理任务将会激活其中的 8 个专家。

① Shazeer, Noam, et al. “Outrageously Large Neural Networks: The Sparsely-Gated Mixture-of-Experts Layer.” arXiv preprint arXiv:1701.06538 (2017).

② 这里的设备指的是用于训练的 GPU。——译者注

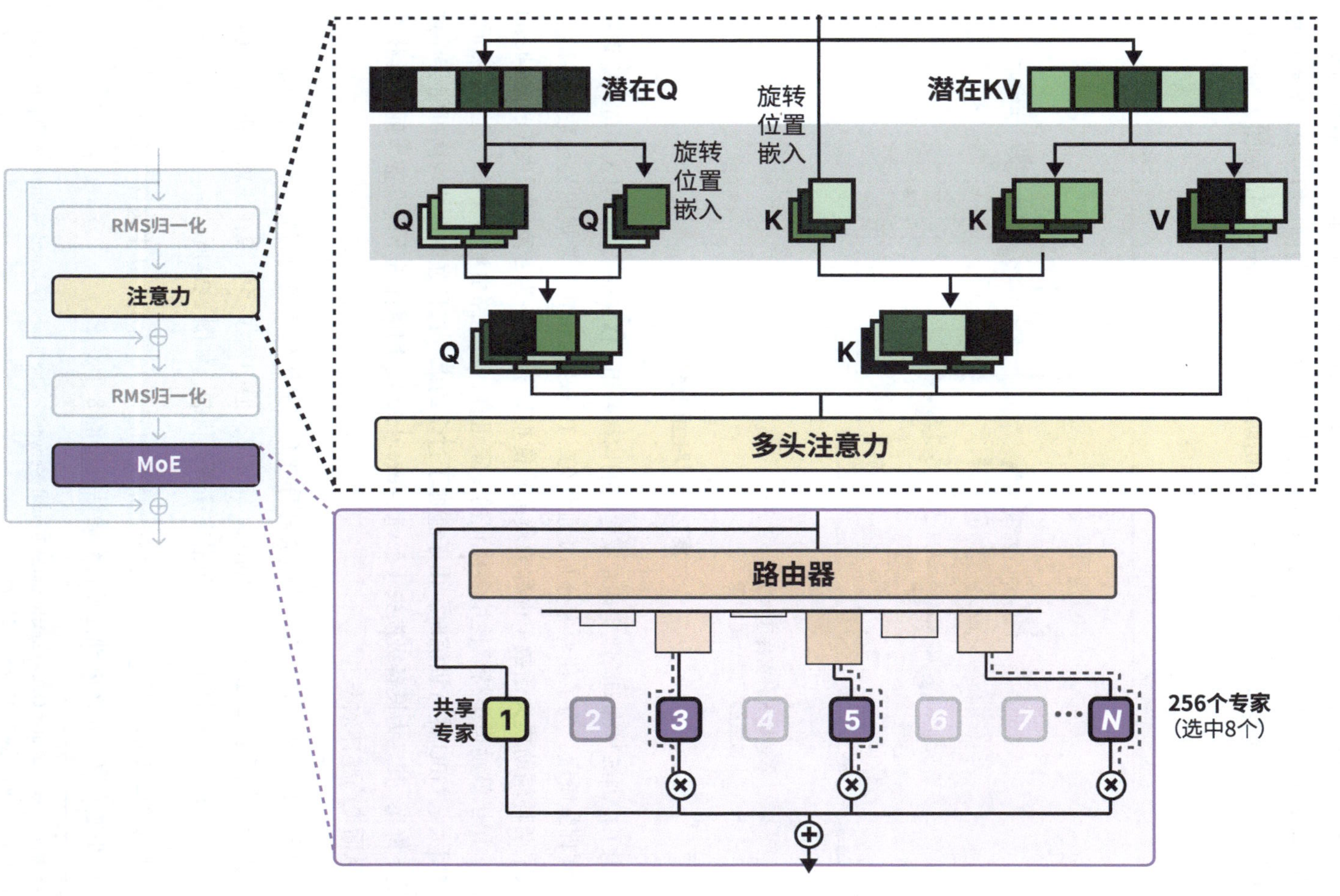

图 2-29 DeepSeek-R1 的主要组成部分

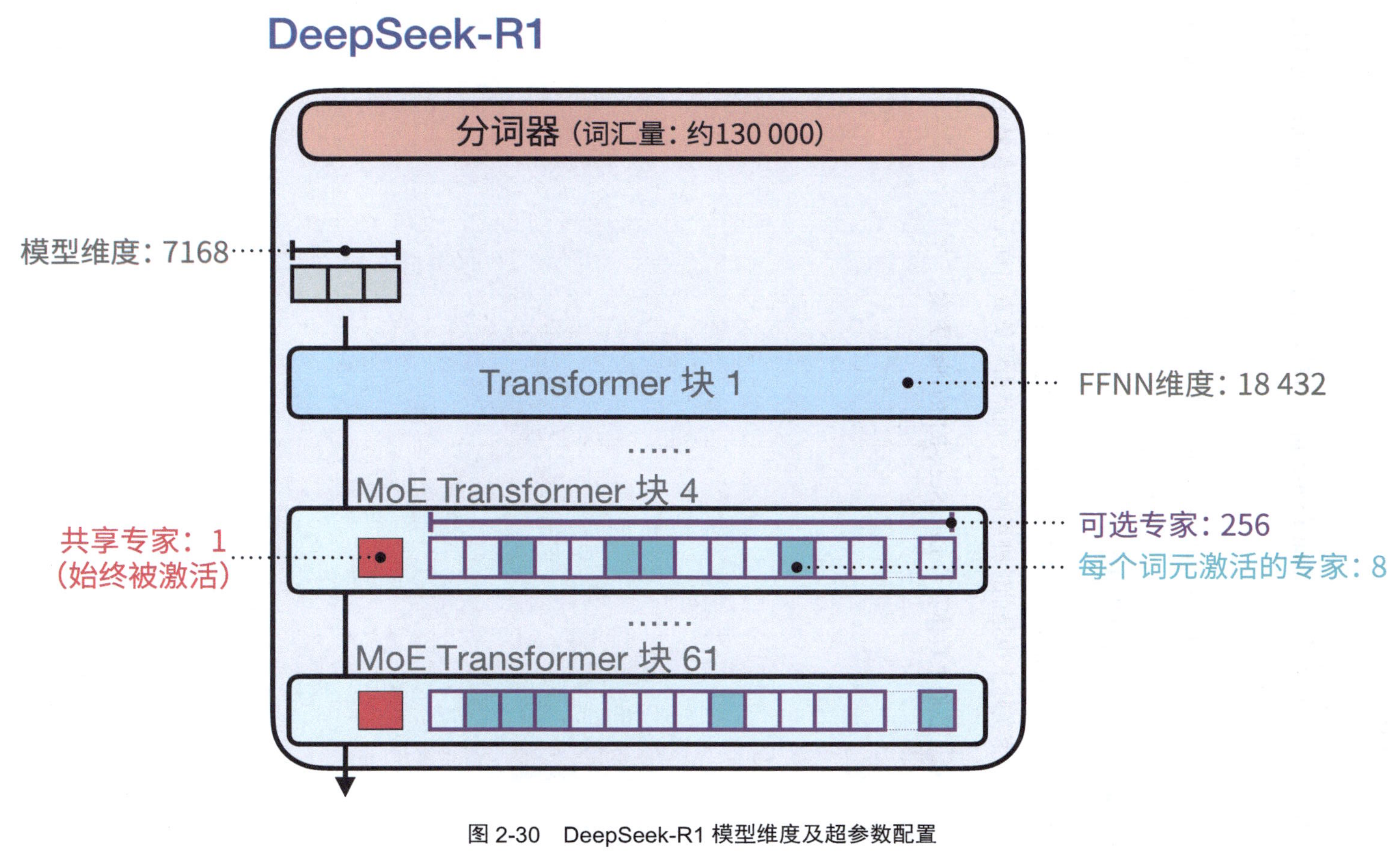

图 2-30　DeepSeek-R1 模型维度及超参数配置

2.3 小结

DeepSeek-R1 模型基于 Transformer 解码器模块堆叠架构，共 61 层，前 3 层为稠密层，后 58 层为 MoE 层。

稠密层：前 3 层 Transformer 块结构与主流大模型类似。每个块先对输入进行 RMS 归一化操作，再经多头潜在注意力机制运算，该机制通过低秩联合压缩键和值来降低 KV 缓存需求，提高推理效率，最后送入前馈神经网络处理。

MoE 层：后 58 层采用 MoE 机制替代常规的前馈神经网络。MoE 由专家和路由器组成，专家实际上也是前馈神经网络，而路由器负责将词元分配给特定专家。

下一章，我们来具体看看 DeepSeek-R1 的训练方案。

第 3 章

DeepSeek-R1 训练方案

DeepSeek-R1 无疑是推理模型领域的重大突破——这个开源模型的权重已全面公开[①]。作为 OpenAI o1 推理模型的直接竞品，DeepSeek-R1 对行业产生了深远影响。

DeepSeek 研究团队通过多项技术，成功将推理能力优雅地蒸馏至其基座模型（DeepSeek-V3-Base），展现出非凡的技术造诣。

值得注意的是，该过程未使用验证器，且未采用监督微调来蒸馏推理行为，而是重点聚焦于强化学习。接下来让我们深入探究 DeepSeek 研究团队是如何在模型中训练出推理能力的。

3.1　回顾：大模型的训练原理

与现有大多数大模型相同，DeepSeek-R1 的训练采用了逐词元生成的范式。但 DeepSeek-R1 在处理数学与推理问题上表现尤为出色，这种能力源于特殊的训练方法——它能够生成可以解释其思维链的"思考词元"（thinking token），这样就能花更多时间来深入处理问题，如图 3-1 所示。

图 3-1　思考词元

① Guo, Daya, et al. "DeepSeek-R1: Incentivizing Reasoning Capability in LLMs via Reinforcement Learning." arXiv preprint arXiv:2501.12948 (2025).

图 3-2 展示了构建高质量大模型的通用方案，具体流程主要包含三个关键阶段。

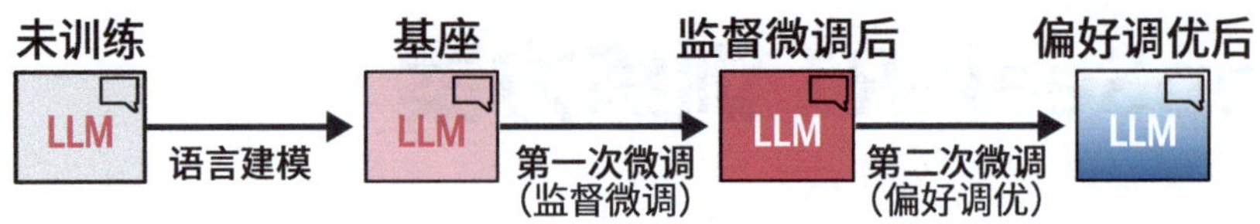

图 3-2　构建高质量 LLM 的三个关键阶段

- **语言建模阶段**：通过海量网络数据训练模型预测下一个词元，该阶段产出基座模型。
- **监督微调阶段**：使模型在遵循指令和回答问题方面更加实用，该阶段产出指令调优模型（instruction tuned model）或监督微调模型（SFT model）。
- **偏好调优阶段**：最终通过人类偏好对齐进一步优化模型行为，生成可供应用程序交互的偏好调优大模型（preference-tuned LLM）。

DeepSeek-R1 遵循这一通用方案，其中第一阶段的具体实施细节源自 DeepSeek-V3 模型的相关论文“DeepSeek-V3 Technical Report”。DeepSeek-R1 使用该论文中的基座模型（而非最终的 DeepSeek-V3 模型），仍然经过监督微调和偏好调优阶段，但其具体实施方法存在创新性差异，如图 3-3 所示。

图 3-3　DeepSeek-R1 的训练过程

请注意，在 DeepSeek-R1 的训练过程中有三个特别之处，接下来我们分别聊一聊。

1. 长推理链监督微调数据

基于基座模型进行监督微调需要用到数量庞大的长链思维推理示例[①]（DeepSeek-R1 的训练过程一共用到了 60 万个），如图 3-4 所示。如此规模的标注工作意味着，一方面数据极难获取，另一方面人工标注成本极为高昂。这也正是生成这些数据的过程成为值得强调的创新点的原因。

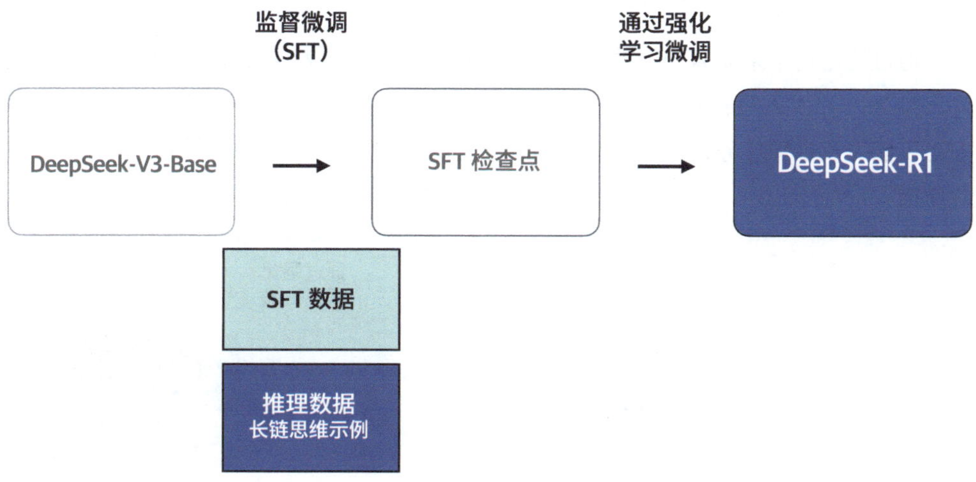

图 3-4　推理数据：长链思维示例

① 对于这里的“示例”（example）一词，原始论文用的是“样本”（sample），本书其他部分使用的也是“样本”。作者在这一部分使用“示例”一词旨在说明强化学习训练的目的是让模型模仿这些示例的推理过程。

以下为一个思维链推理示例：

```
用户输入：
I have 10 apples. I gave 2 apples away. I then went and bought 5 more apples and ate 1.
How many apples do I have?

思维链推理：
<think>
First, you started with 10 apples.
You gave away 2 apples → 10 - 2 = 8.
Then, you bought 5 more → 8 + 5 = 13.
Then, you ate 1 → 13 - 1 = 12.
</think>

最终回答：
<answer>12</answer>
```

——译者注

2. 临时性高质量推理大模型

上述长链思维推理数据由 DeepSeek-R1 模型的前身生成，这是一个未命名的临时模型，专精于推理任务，其设计灵感源于另一个名为 DeepSeek-R1-Zero 的模型（稍后我们将详细讨论）。这个临时模型的重大意义不在于它作为一个实用的大模型具备多好的性能，而在于其构建过程仅需少量标注数据，配合大规模强化学习训练，最终造就了一个擅长解决推理问题的模型。

通过使用这个未命名的专精于推理（在非推理任务上表现欠佳）的临时模型生成输出结果，开发人员得以训练出更通用的模型，如图 3-5 所示。最终得到的通用模型不仅能完成推理任务，同时，在非推理任务的处理水平上，也能达到用户对大模型的预期。

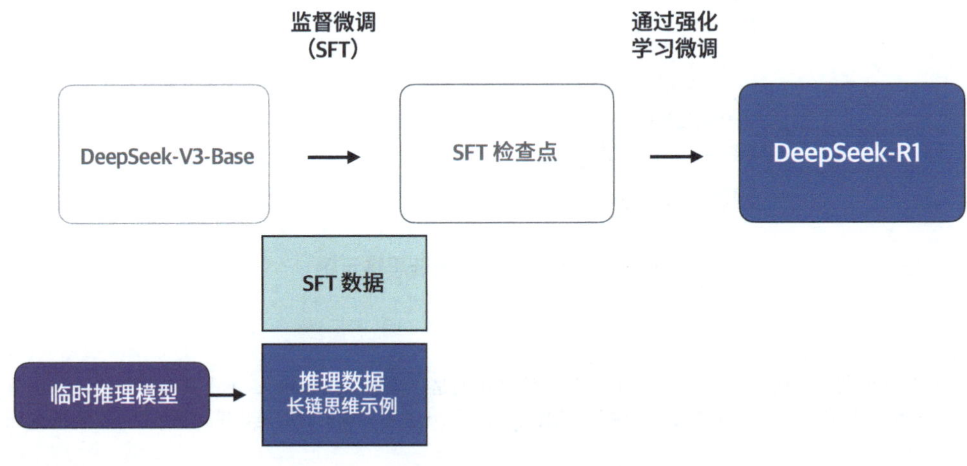

图 3-5　专精于推理的临时推理模型

3. 利用大规模推理导向的强化学习构建推理模型

构建临时推理模型的关键就在于大规模推理导向的强化学习[①]，如图 3-6 所示。

① 推理导向（reasoning-oriented）的强化学习是指要求模型先输出推理过程，后输出答案的强化学习过程。这与 RLHF（基于人类反馈的强化学习）有很大的不同，RLHF 的目的是让模型的输出与人类的偏好和价值观对齐，从而让模型的输出格式和表达方式对人类更友好，并拒绝输出有害的内容；而推理导向的强化学习的目的是让模型解决数学、编程、逻辑推理等需要思考才能解决的问题。——译者注

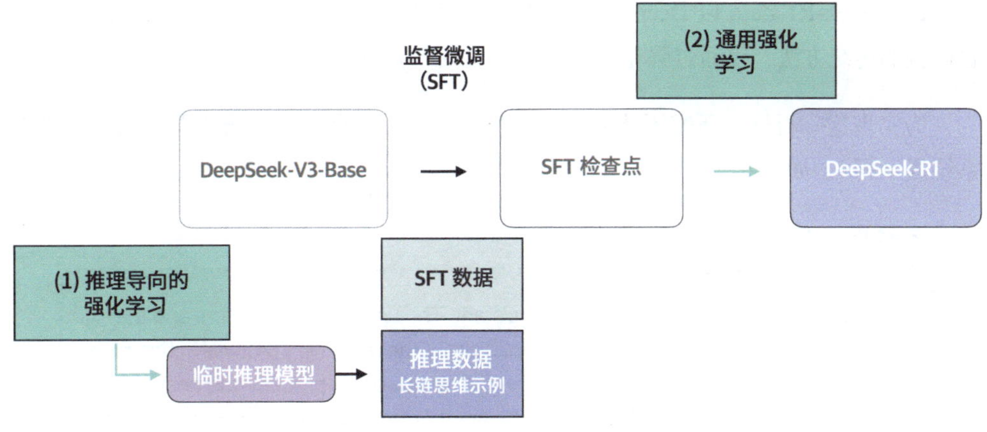

图 3-6　推理导向的强化学习

这第三点非常重要，因为它促成了一个有趣的、专注于推理能力的模型——DeepSeek-R1-Zero。在介绍 DeepSeek-R1 的完整训练流程之前，我们先来看看 DeepSeek-R1-Zero 的具体细节。

3.2　DeepSeek-R1-Zero 的推理能力

通向 DeepSeek-R1 的重要突破源自一个实验性模型——DeepSeek-R1-Zero。

DeepSeek-R1-Zero 的特殊性在于，它无须依赖标注的监督微调训练集，就能在推理任务中表现得很出色。它的训练过程直接从预训练的基座模型开始，通过强化学习训练流程完成（跳过了监督微调阶段）。它的表现非常出色，甚至能够与 OpenAI o1 媲美，如图 3-7 所示。

Model	AIME 2024		MATH-500	GPQA Diamond	LiveCode Bench	CodeForces
	pass@1	cons@64	pass@1	pass@1	pass@1	rating
OpenAI-o1-mini	63.6	80.0	90.0	60.0	53.8	1820
OpenAI-o1-0912	74.4	83.3	94.8	77.3	63.4	1843
DeepSeek-R1-Zero	71.0	86.7	95.9	73.3	50.0	1444

该截图中的表来自论文“DeepSeek-R1: Incentivizing Reasoning Capability in LLMs via Reinforcement Learning”，展示的是 DeepSeek-R1-Zero 和 OpenAI o1 在推理相关基准测试上的表现对比。我们在后续内容中还会引用这篇论文中的内容，不妨将其简称为“DeepSeek-R1 论文”。

图 3-7　DeepSeek-R1-Zero 和 OpenAI o1 在推理相关基准测试上的表现对比

DeepSeek-R1-Zero 以 DeepSeek-V3-Base 为基础，摒弃了对大量推理数据进行监督微调的传统方法，仅通过强化学习即可实现推理能力。

为实现这一目标，研究团队在训练流程中采用了一个极其简洁的提示词（类似于系统提示词），如图 3-8 所示。

系统提示词

A conversation between User and Assistant. The user asks a question, and the Assistant solves it. The assistant first thinks about the reasoning process in the mind and then provides the user with the answer. The reasoning process and answer are enclosed within **<think></think>** and **<answer></answer>** tags, respectively, i.e., **<think> reasoning process here </think> <answer> answer here </answer>**.

图 3-8　DeepSeek-R1-Zero 训练流程中的类系统提示词

请注意，研究团队明确提到推理过程应位于 `<think></think>` 标签之间[①]。

在强化学习阶段，研究团队设计了两种基于规则的奖励机制：

- 准确性奖励（accuracy rewards）——通过实际测试对答案进行奖励；
- 格式奖励（format rewards）——对正确使用 `<think>` 和 `<answer>` 标签的行为进行奖励（在本书的图中标注为 < 格式 > 奖励）。

这两种奖励机制会在后续内容反复体现，此处先不展开说明。

DeepSeek-R1-Zero 为何能够不依赖监督微调？这指向两个关键事实。

- 现代基座模型已经跨越了某个门槛，在质量和能力上有了质的提升（DeepSeek-V3-Base 基于 14.8 万亿个高质量词元进行训练）。[②]

---

① DeepSeek-R1-Zero 训练过程中并没有规定推理过程的具体形式，也没有通过监督微调提供推理过程的示例。具体的推理过程完全是模型在强化学习过程中自己思考出来的，并通过奖励机制强化了正确的推理过程。——译者注

② 在大模型基础上进行强化学习训练是强化学习领域的重要里程碑。在传统强化学习中，模型一般是从头训练的，不具备常识和自然语言理解能力，因此在处理涉及现实世界的问题时，强化学习训练的效率往往很低。例如，OpenAI 研究科学家姚顺雨在 “The Second Half” 一文中举过一个例子：在游戏中，人类可以理解箱子、武器和恶龙之间的关系，因此看到恶龙就会寻找藏有武器的箱子；而不具备常识和自然语言理解能力的模型仅仅把游戏中的道具当作一个没有意义的符号，从而需要很多次尝试才能学到游戏的玩法，学习效率很低。——译者注

- 与通用对话或写作需求不同，推理问题可以实现自动验证与标注。[①] 让我们通过具体示例加以说明。

3.2.1 示例：推理问题的自动验证

在强化学习训练阶段，假设给出如下提示词（或者输入如下问题）：

> 编写一段 Python 代码：要求输入一个数字列表，将其排序，之后在列表的开头添加 42 并返回最终结果。

此类问题天然适合多种自动验证方式。假设我们将该问题输入正在训练的模型，并得到一个输出，以下多种方法都可以对输出做自动验证：

- 通过代码检查工具（比如 Linter）验证输出是否为合法的 Python 代码；
- 执行生成的 Python 代码，以检验其运行状态；
- 借助其他现代编程大模型，创建单元测试来验证预期功能（这类模型自身无须具备推理能力）；
- 我们甚至可以进一步测量执行时间，在训练过程中优先选择性能更好的解决方案——即使其他方案同样能解决问题。

在训练阶段，我们可以向模型提出此类问题，并生成多个可能的答案，如图 3-9 所示。

通过上述自动验证（无须人工干预），我们可以发现：

- 第一个结果甚至不是有效的代码；
- 第二个结果虽然是代码，但并不是 Python 语言编写的；
- 第三个结果看似可行，但没有通过单元测试；
- 第四个结果才是完全正确的答案。

这个自动验证的过程如图 3-10 所示。

这类反馈信号都可以直接用于模型优化，如图 3-11 所示。训练过程自然需要基于大量的示例（以小批量形式）持续迭代，并通过反复的训练逐步实现。

① 强化学习的关键在于具备奖励函数，即模型能够根据结果获得反馈，从而判断行为的好坏，进而从正确和错误的样本中学习。数学、编程、逻辑推理等问题容易构造结果奖励函数，而通用对话和写作需求难以自动评判对错。——译者注

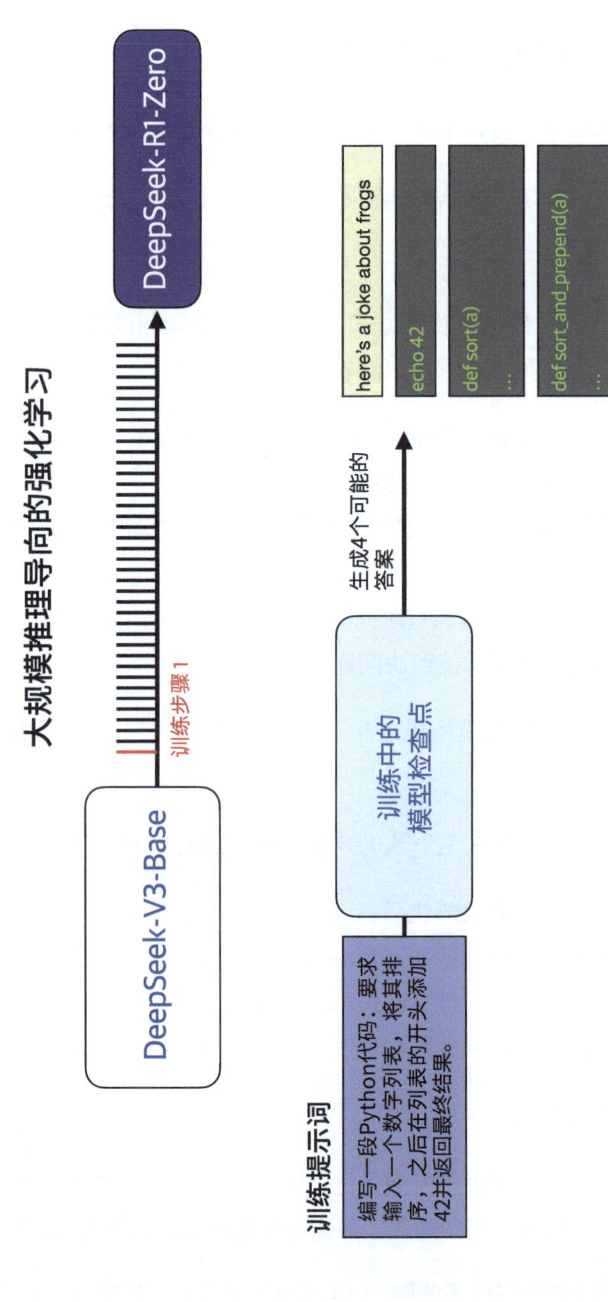

图 3-9　在训练阶段生成多个答案

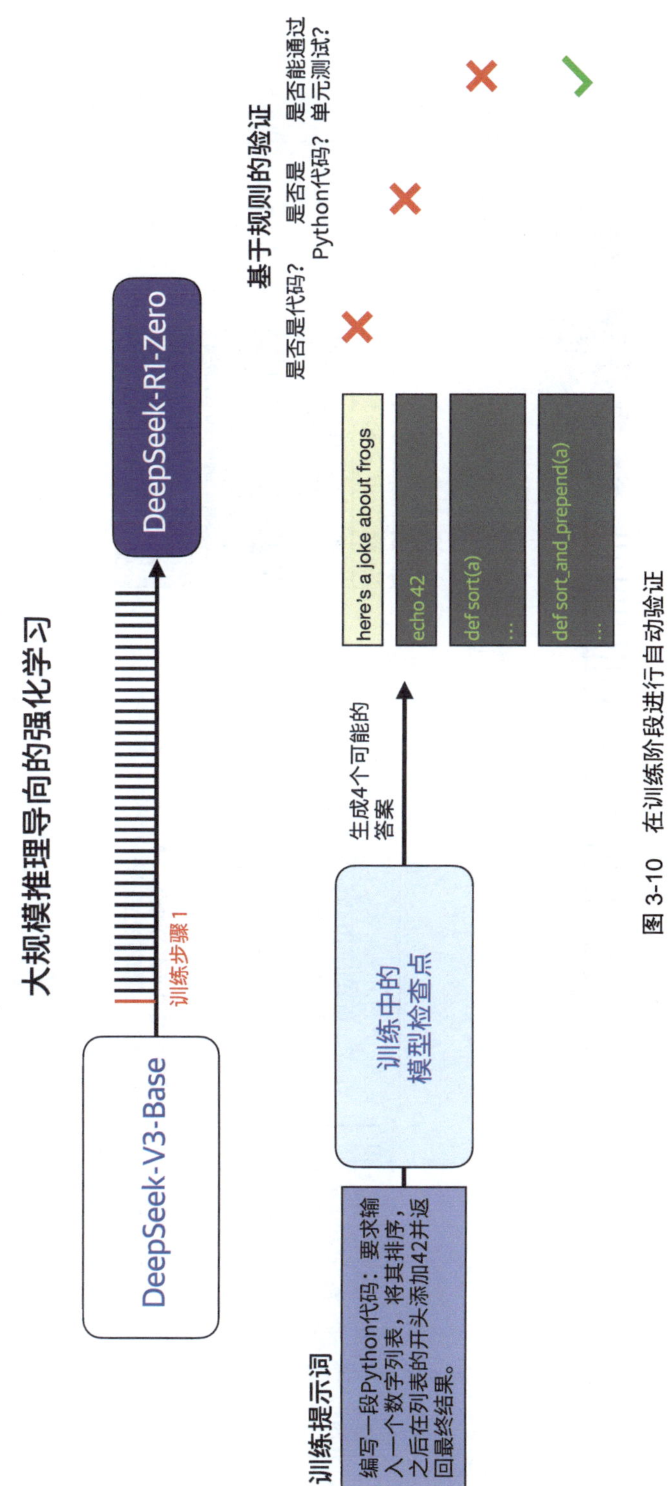

图 3-10　在训练阶段进行自动验证

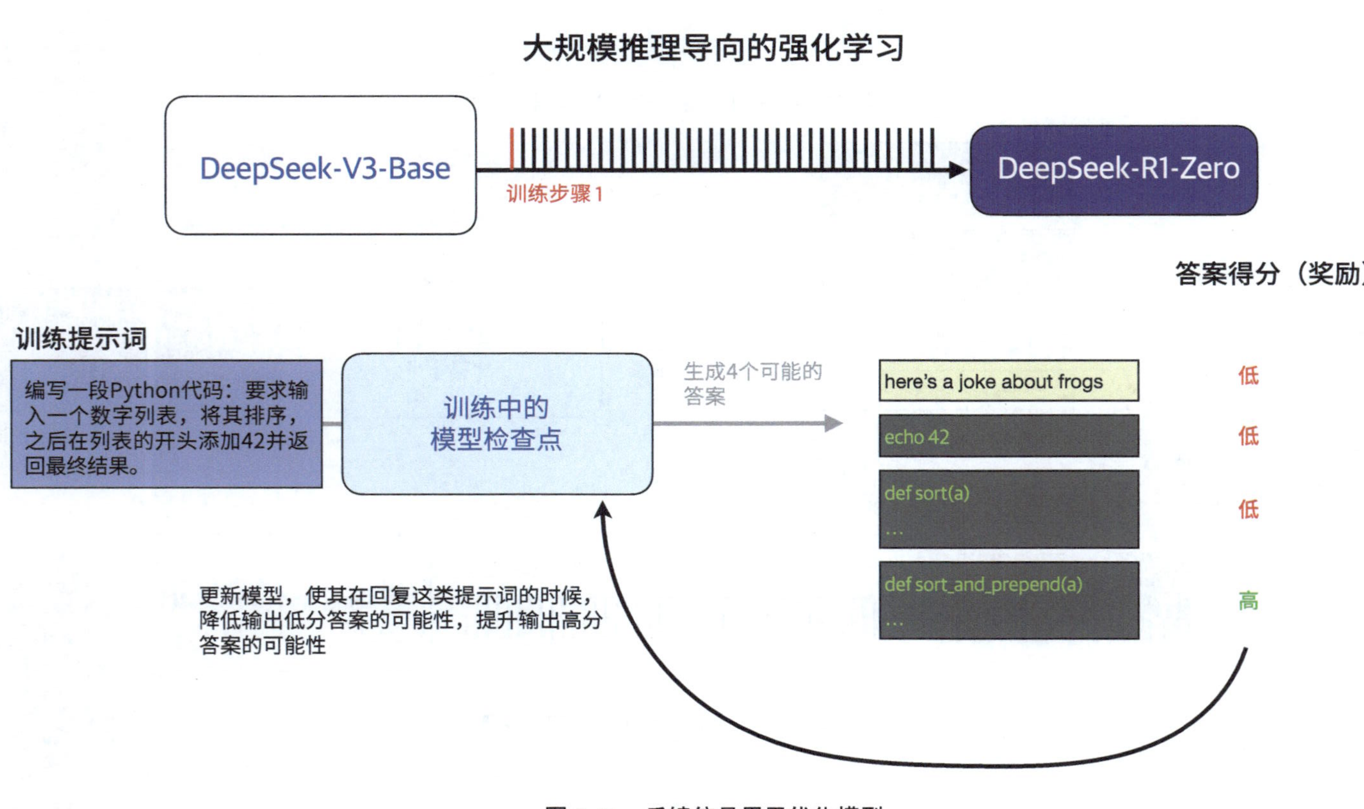

图 3-11 反馈信号用于优化模型

这些奖励信号与模型参数更新机制，正是驱动模型在强化学习训练过程中持续提升任务表现的核心原理——该原理在 DeepSeek-R1 论文中亦有直观呈现，如图 3-12①所示。

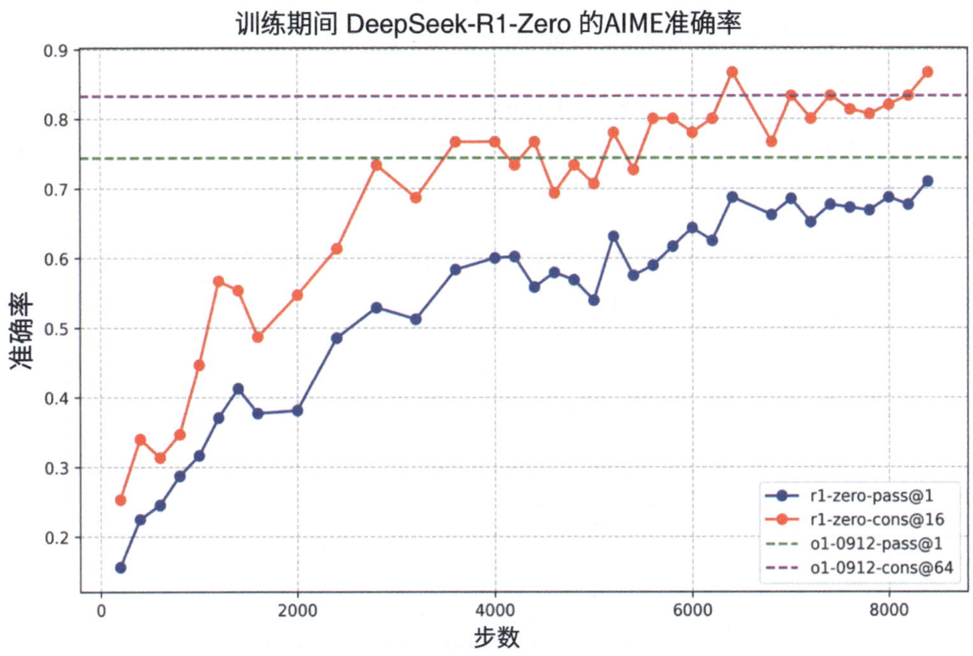

该注释图来自 DeepSeek-R1 论文。对于每个问题，DeepSeek 研发团队随机抽取 16 个响应并计算整体平均准确率以确保评估的稳定性。

图 3-12　反馈信号用于持续优化 DeepSeek-R1-Zero

该过程使用的强化学习算法是组相对策略优化（group relative policy optimization，GRPO②）。GRPO 算法的核心思想在于：它会根据结果调整那些导致正确答案或错误答案的决策路径的概率权重。这些决策既包括词元的选择组合，也包含具体的推理步骤。

① 强化学习训练不能创造基座模型本来不可能生成的思考过程，但它可以通过"强化"正确的思考过程，让模型以更高概率生成正确的思考过程和答案。图中展示的 pass@1 是指模型一次输出正确答案的概率，而 cons@16 是指让模型重复输出 16 次，取其中最频繁出现的答案，该候选答案正确的概率。cons@16 高于 pass@1 的事实说明，即使未经强化学习训练的基座模型也有一定的概率输出正确答案。随着训练步数的增加，这些偶然出现的正确答案会被强化，使答案正确的概率大大提高。——译者注

② Shao, Zhihong, et al. "DeepSeekMath: Pushing the Limits of Mathematical Reasoning in Open Language Models." arXiv preprint arXiv:2402.03300 (2024).

3.2.2 DeepSeek-R1-Zero 的完整训练过程

DeepSeek-R1-Zero 的完整训练过程始于我们先前探讨的类系统提示词。该模型以 DeepSeek-V3-Base 为基础模型，让其生成推理过程（位于 `<think>` 与 `</think>` 标签之间）和答案（位于 `<answer>` 与 `</answer>` 标签之间）。

不仅生成的推理和答案会根据 `<think>` 和 `<answer>` 标签的使用情况进行验证，而且答案还会通过结构化方法进行评估。我们之前讨论过，这可能涉及通过执行 Python 代码判断输出是否正确。

一如强化学习中的典型做法，训练过程会迭代进行，直到模型收敛。最终，我们得到了 DeepSeek-R1-Zero，如图 3-13 所示。

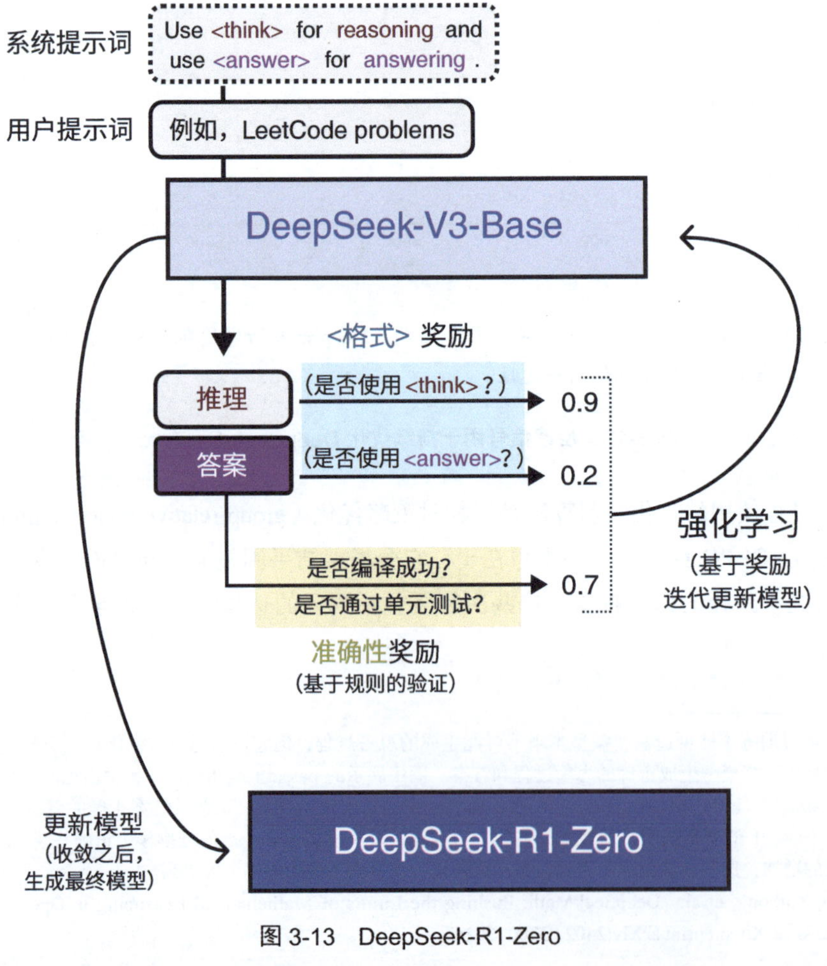

图 3-13　DeepSeek-R1-Zero

值得注意的是，我们并不需要举例说明 <think> 处理过程的具体形式，仅指出“模型应使用 <think> 标签”就足够了！

通过设计一种间接奖励机制，鼓励模型表现出类似于思维链的行为，模型自行领悟到：推理过程越长、越复杂，答案正确的概率就越高，如图 3-14 所示。

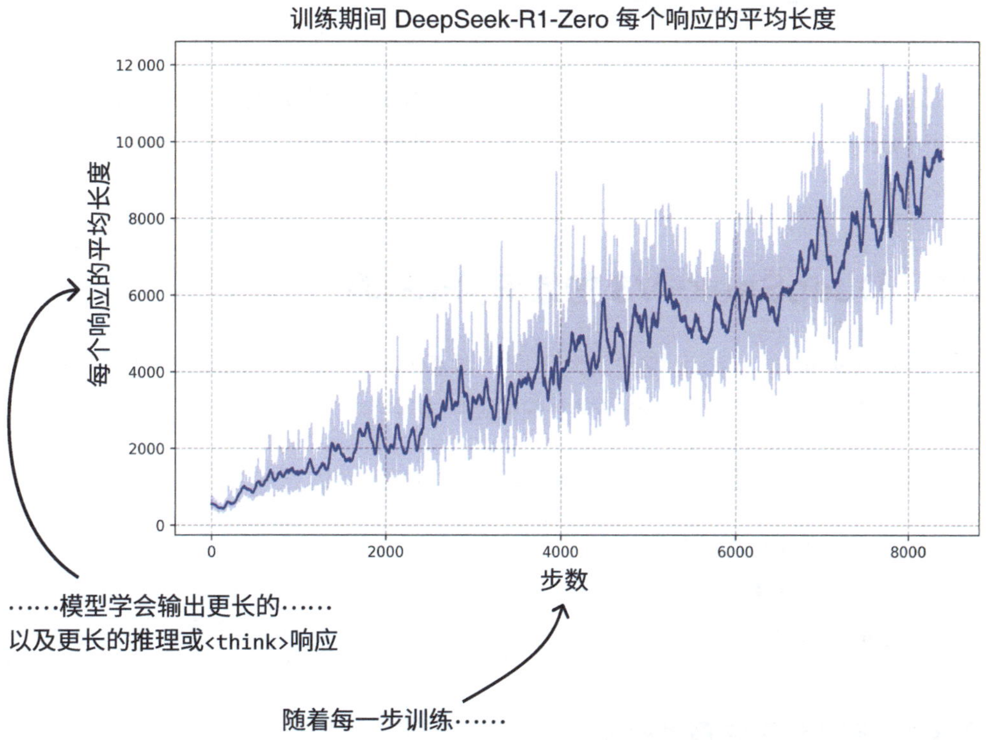

该注释图来自论文“DeepSeek-R1: Incentivizing Reasoning Capability in LLMs via Reinforcement Learning”。通过间接的强化学习奖励机制，模型能够持续增加推理步数，从而自由探索最优的类思维链行为。

图 3-14　DeepSeek-R1-Zero 的推理训练

图 3-14 的重要性在于它进一步凸显了从**训练时**计算到**测试时**计算的**范式转变**。随着模型生成更长的思维序列，其重点逐渐转向测试时计算。

使用该训练流程，研究团队发现模型能自主发现最优的类思维链行为，包括自我反思（self-reflection）和自我验证（self-verification）等高级推理能力。

虽然这一流程有效，DeepSeek-R1-Zero 模型在推理问题上也得分很高，但仍存在一些其他问题使其可用性不如预期。

> 尽管 DeepSeek-R1-Zero 展现出强大的推理能力，并能自主发展出意想不到的强大推理行为，但它也面临一些问题，例如，DeepSeek-R1-Zero 存在生成结果可读性差和语言混杂等显著缺陷。

因此，研究团队最终转向了另一个方案——如今广为人知的 DeepSeek-R1。在继续探讨 DeepSeek-R1 之前，我们需要先了解其基础模型 DeepSeek-V3 采用的效率优化策略。

3.3 DeepSeek-V3 的效率优化策略

DeepSeek-R1 的核心优势在很大程度上源于其基础模型 DeepSeek-V3——毕竟，DeepSeek-R1 本质上就是 DeepSeek-V3 的微调版本。

因此，我们需要重点解析 DeepSeek-V3 实现高效训练的三大关键优化策略：

- 多头潜在注意力机制
- 混合精度训练
- 多词元预测

3.3.1 多头潜在注意力机制

如先前所述，多头潜在注意力（multi-head latent attention，MLA）机制通过对键（K）和值（V）进行低秩联合压缩，显著减少了推理过程中 KV 缓存的开销。

该方法是对传统多头注意力机制的改良（大部分 LLM 都采用传统多头注意力机制）。在传统多头注意力机制中，每个注意力头维护独立的 Q/K/V（查询 / 键 / 值）权重矩阵，从而产生不同的 Q/K/V 矩阵的表示。传统多头注意力机制如图 3-15 所示。

在传统多头注意力机制（及多数注意力变体）中，其键和值通常会被缓存。通过缓存已生成词元的键和值，模型只需专注于计算新词元的注意力权重。

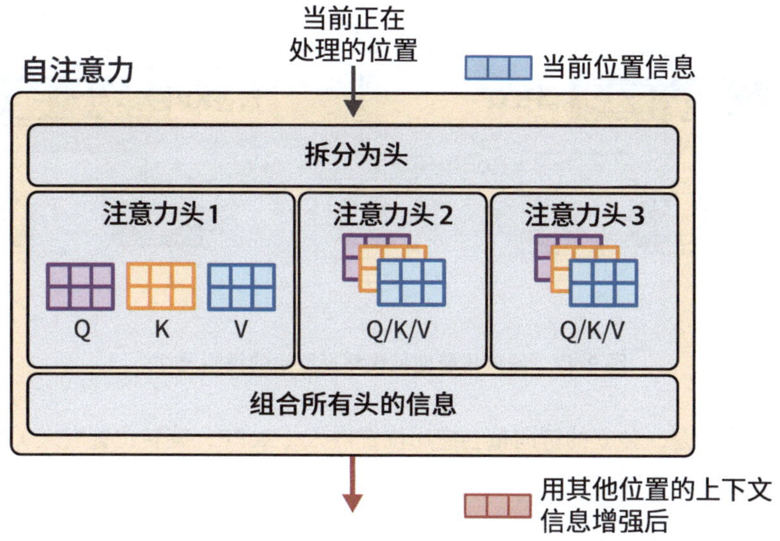

图 3-15　传统多头注意力机制

虽然 KV 缓存机制效率显著，但当输入序列较长时，缓存会迅速膨胀并消耗大量内存，导致出现计算瓶颈。而多头潜在注意力机制将 Q 以及 KV 先压缩成低秩表示，从而使 KV 缓存更加高效，如图 3-16 所示。

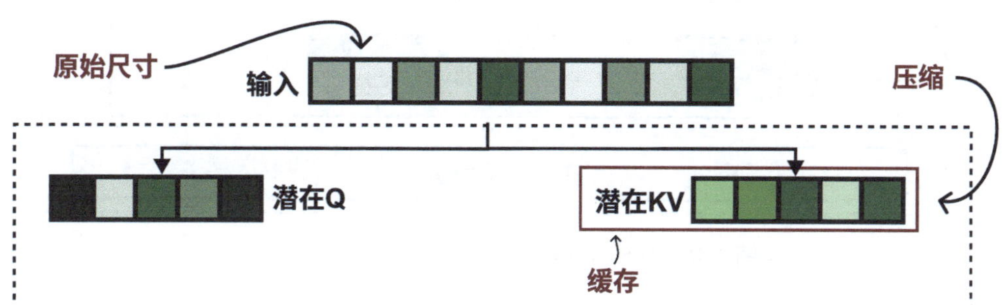

图 3-16　多头潜在注意力机制将 Q、KV 压缩成低秩表示

压缩处理后，系统会缓存这些键 - 值向量（此时称为**潜在 KV**），用于后续新词元的注意力矩阵计算。之所以称为“潜在 KV”，是因为其本质是原始高维数据的低维表征。在具体使用时，这些缓存的潜在 KV 矩阵会通过投影变换恢复至原始的模型尺寸，如图 3-17 所示。

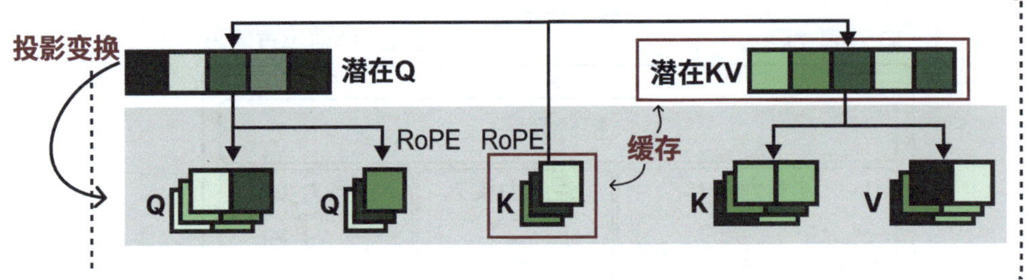

图 3-17　通过投影变换恢复至原始的模型尺寸

需要注意的是，独立的键向量会应用位置嵌入（RoPE，旋转位置嵌入）处理并同样进行缓存以加速推理。

最终，Q/K/V 值会像传统多头注意力机制一样进行组合和处理，如图 3-18 所示。

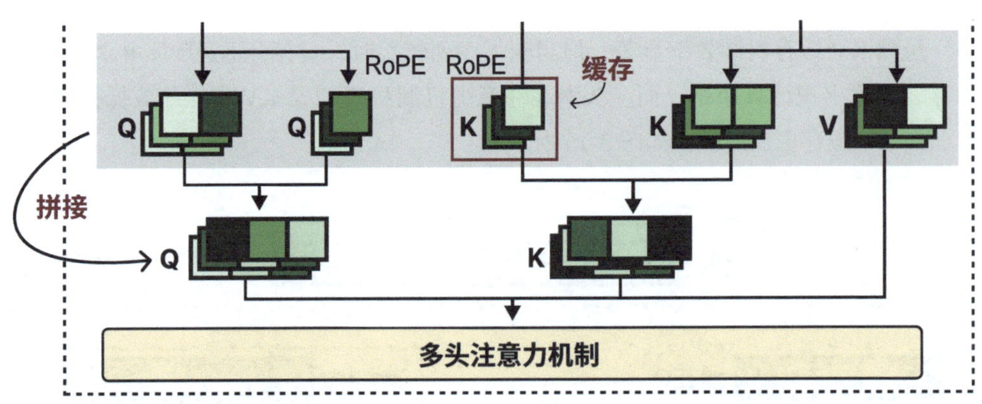

图 3-18　像传统注意力机制一样进行组合和处理

这种方法不仅避免了对已生成词元的重复计算，而且比以往的方法（如分组查询注意力）更加高效。

3.3.2　混合精度训练

为了进一步提升 DeepSeek-V3 在训练和推理过程中的效率，DeepSeek 团队提出了使用 FP8 格式进行混合精度（mixed-precision）训练的方法。

数值精度（precision of value）指的是以尽可能少的位数来表示一个给定数值的能力，如图 3-19 所示。

32位浮点数

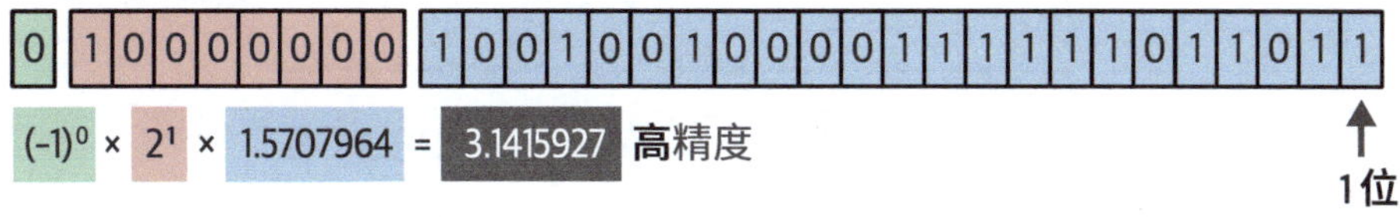

16位浮点数

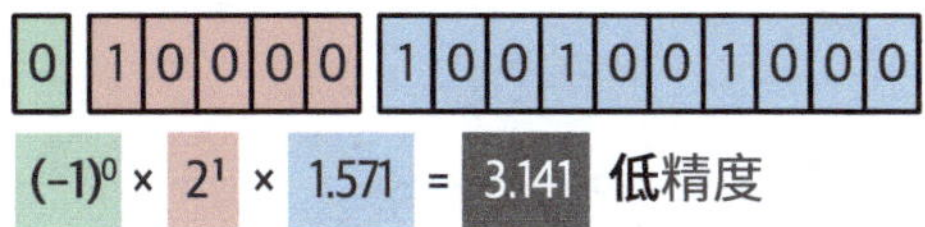

图 3-19　数值精度

使用低精度数据格式时需要注意，它可表示的值的范围会随着精度的降低而减小，如图 3-20 所示。

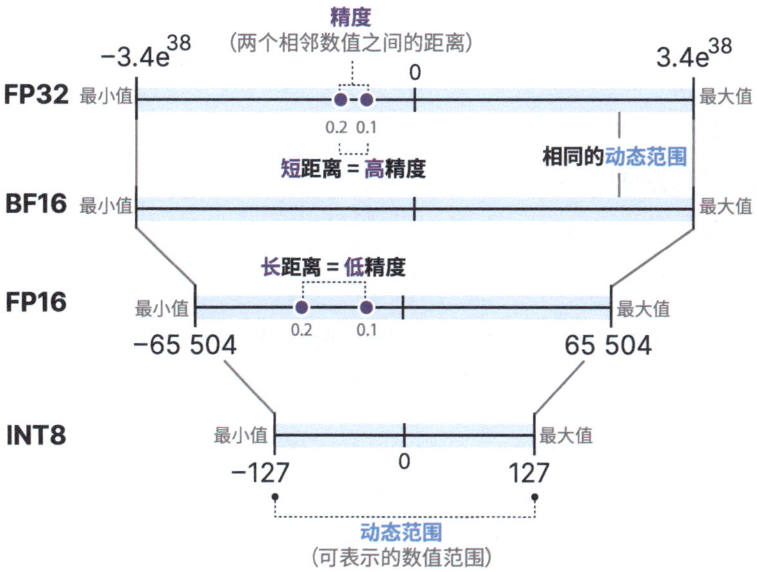

图 3-20　可表示的数值范围随精度而变化

与常用的 FP32（32 位浮点数）或 FP16（16 位浮点数）相比，FP8（8 位浮点数）格式精度更低，但只需占用极少的内存空间来存储数值。

例如，使用 FP32 存储一个包含 700 亿个参数的模型需要大约 280 GB 的内存，而使用 FP8 存储则只需要 70 GB 的内存，如图 3-21 所示。

内存	$\frac{参数位数}{8}$	x	参数数量	
FP32	$\frac{32}{8}$	x	70B	≈ 280 GB
FP16	$\frac{16}{8}$	x	70B	≈ 140 GB
FP8	$\frac{8}{8}$	x	70B	≈ 70 GB

图 3-21　使用不同精度存储相同参数的模型所需的存储空间对比

因此，减少训练和推理过程中所需的内存开销将显著提升效率。

在 DeepSeek-V3 中，模型的大部分参数使用 FP8 格式存储，仅有以下组件因对精度要求较高，仍采用 BF16 或 FP32 格式存储：

- 嵌入模块
- 输出头
- MoE 层门控模块（即路由器）
- 归一化算子
- 注意力算子

这些组件的计算对精度较为敏感，因此保留高精度。此外，部分组件（如路由器）规模较小，保留高精度所带来的额外开销可忽略不计。

这种混合精度框架使得大部分参数能以 FP8 格式高效训练，且仅造成轻微的质量损失。这也意味着，在某些计算过程中，数据需要进行压缩（如从 FP32 压缩到 FP8）或解压缩（如从 FP8 解压到 FP32）。该过程被称为量化（quantization），其关键在于建立高精度数据格式（例如 FP32）与低精度数据格式（例如 FP16）之间的映射关系。

从 FP32 压缩到 FP16 的过程如图 3-22 所示。

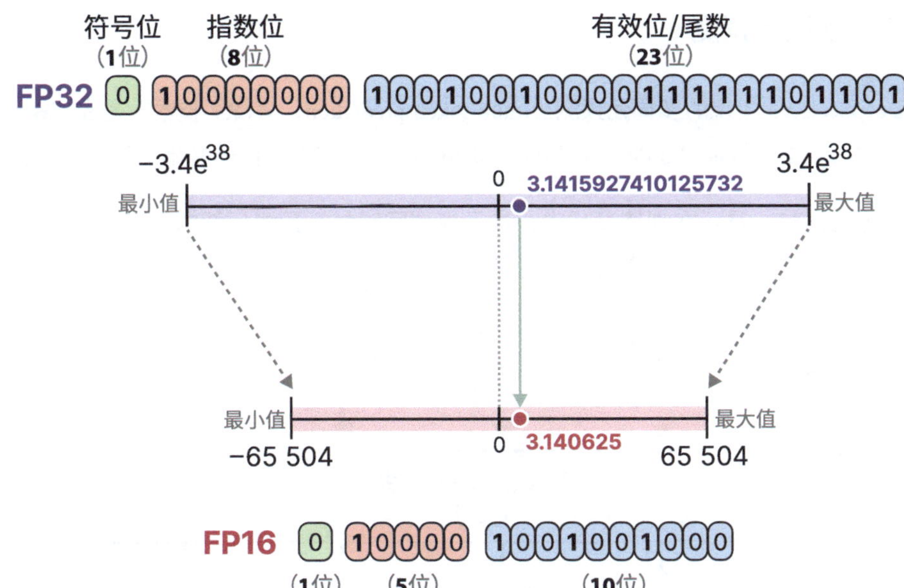

图 3-22　从 FP32 压缩到 FP16

量化面临的主要难点在于：在一组数值中，异常值（outlier）可能会严重影响低精度表示的质量，如图 3-23 所示。

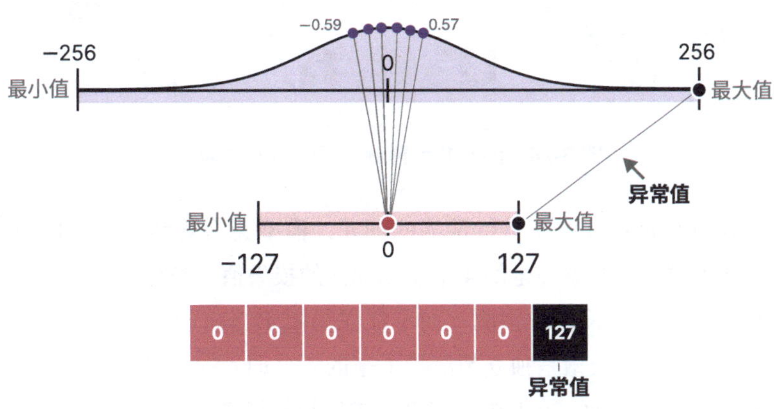

图 3-23　异常值严重影响低精度表示的质量

在 DeepSeek-V3 中，研究团队提出了一种细粒度量化技术，用于缓解由异常值引起的误差。这种量化方法通过对更小粒度的元素分组自适应调整缩放因子（动态范围），从而更有效地应对异常值的影响。

3.3.3 多词元预测

DeepSeek-V3 实现的**多词元预测**（multi-token prediction，MTP）技术，是在“Better & Faster Large Language Models via Multi-token Prediction”[①] 工作的基础上发展而来的。

该方法的核心是：在训练过程中，指示模型**同时并行**预测后续的 *n* 个（如图 3-24 所示为 4 个）词元，而不是传统的逐词元预测。

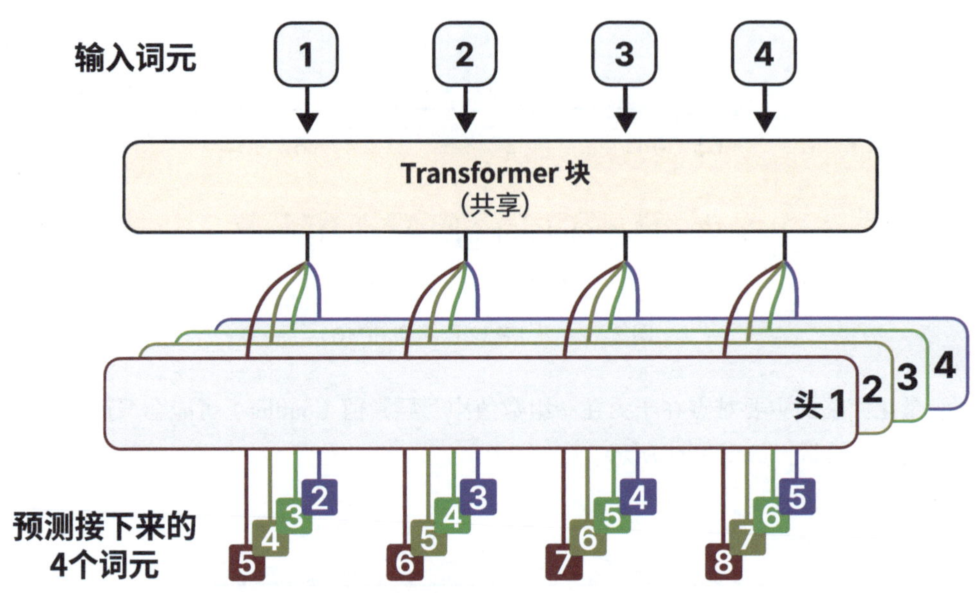

图 3-24　同时并行预测接下来的 4 个词元

具体实现方法是：针对每个待预测的词元，模型会为其创建额外且独立的输出头。由于在训练过程中会累加全部 4 个预测词元的损失值，模型会在预测下一个词元时，尝试对未来进行更长远的预测，而不仅仅局限于当前词元。这种方法在推理阶段通常会被关闭，因为模型是独立预测接下来的 4 个词元的，可能破坏上下文的一致性，如图 3-25 所示。然而，在对响应速度要求较高的场景下，仍可启用该功能，以实现更快的推理速度[②]。

---

① Gloeckle Fabian, et al. “Better & Faster Large Language Models via Multi-token Prediction.” arXiv preprint arXiv:2404.19737 (2024).

② 多词元预测的目的主要是在训练时提升模型的效果。在推理时，多词元预测也可以与推测解码（speculative decoding）结合，并行生成多个候选词元，并使用主模型批量进行验证，以提升推理速度。——译者注

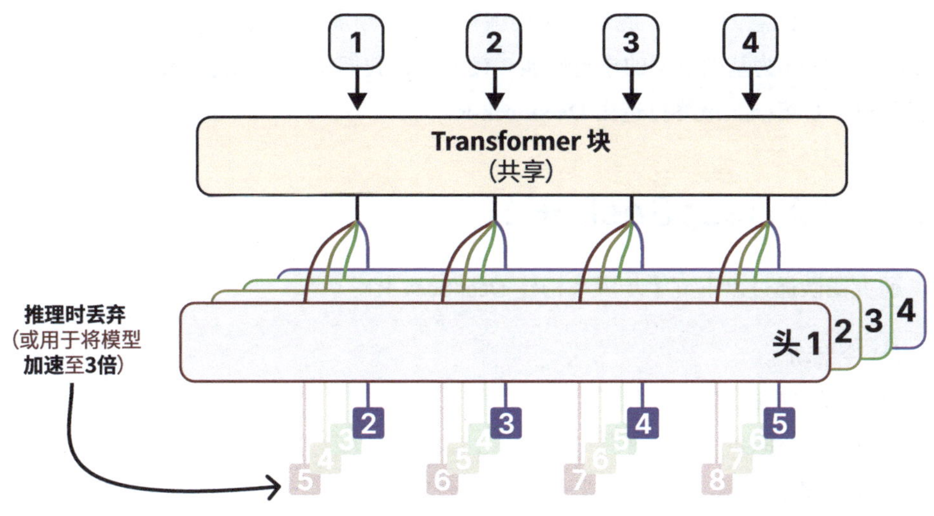

图 3-25　推理阶段关闭多词元预测

DeepSeek-V3 的多词元预测借鉴了这一核心思想，但**不再采用完全并行、独立预测的方式**，而是通过**顺序地预测后续词元**[①]，从而保留每个词元之间的上下文依赖关系，使输出更加连贯，如图 3-26 所示。

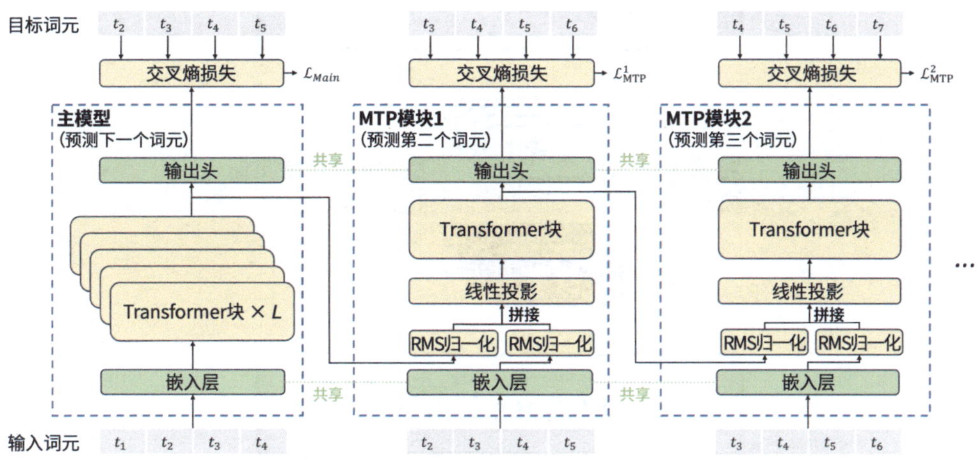

该注释图来自“DeepSeek-V3 Technical Report”，展示了其对多词元预测的实现方式。

图 3-26　DeepSeek-V3 对多词元预测的实现方式

① 传统多词元预测技术的多个词元预测模块是并行的，这种设计可能导致输出不连贯，甚至模式崩溃（输出内容的多样性大大降低）；而 DeepSeek-V3 的多个词元预测模块是串行的，也就是预测第二个词元的模块依赖于主模型的输出，预测第三个词元的模块依赖于预测第二个词元的模块的输出。——译者注

多头潜在注意力机制、混合精度训练和多词元预测这三大关键技术，共同造就了 DeepSeek-V3 作为基础模型的卓越性能。接下来，我们将深入探讨 DeepSeek 如何基于该模型进一步突破，最终打造出 DeepSeek-R1。

3.4 构建 DeepSeek-R1

研究团队通过以下五个步骤来构建 DeepSeek-R1：

(1) 冷启动
(2) 推理导向的强化学习
(3) 拒绝采样
(4) 监督微调
(5) 综合考虑推理和非推理场景的强化学习

在**步骤 (1)** 中，使用小型高质量推理数据集（约 5000 个样本）对 DeepSeek-V3-Base 进行微调，旨在规避冷启动导致的可读性问题[①]，如图 3-27 所示。

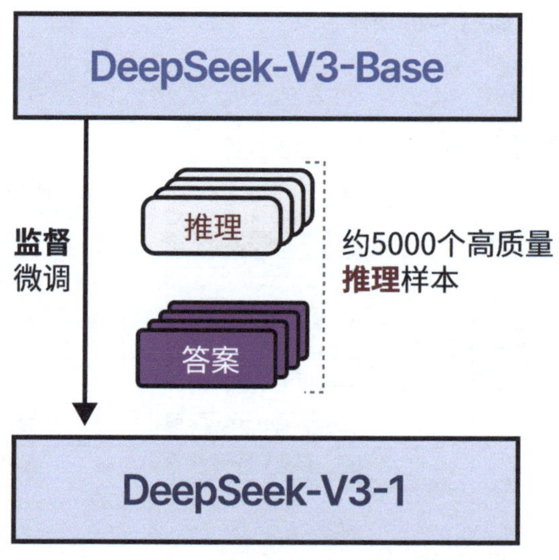

图 3-27　构建 DeepSeek-R1：冷启动

① 可读性问题指的是 DeepSeek-R1-Zero 输出的思考过程语言混杂，且回答未使用 Markdown 格式。DeepSeek-R1 最初的监督微调旨在让模型学会在思考过程中“说人话”，并在最后生成用户可读的回答。——译者注

冷启动

与 DeepSeek-R1-Zero 不同，为了避免基座模型在强化学习训练初期出现不稳定的冷启动阶段，DeepSeek-R1 采取了相应的措施。我们构建并收集了少量长链思维数据，对模型进行微调并将其作为强化学习训练的初始演员（actor）模型。为收集此类数据，我们探索了多种方法：使用包含长链思维示例的少样本提示词，直接通过提示词引导模型生成包含反思与验证的详细答案，将 DeepSeek-R1-Zero 生成的输出内容整理成易于阅读的格式，以及结合人工标注对结果进行后处理，进一步优化数据质量。

以上内容来自 DeepSeek-R1 论文。

如果你对监督微调的概念还不熟悉，监督微调过程的本质是向模型提供由提示词和正确的补全结果[①]构成的训练示例。图 3-28 展示了几个监督微调训练示例。

指令数据
（多种任务）
指令："What are large language models?"
任务：问答
输出："Large language models (LLMs) are models that can generate human-like text by predicting the probability of a word given the previous words used in a sentence."
指令："Rate this review"
任务：情感分析
输入："This was a horrible place to eat!"
输出："This is a negative review."

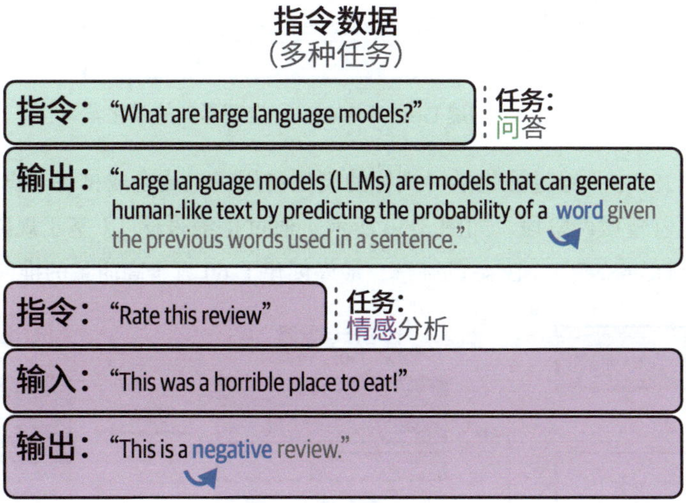

图 3-28　监督微调训练示例：用户提供的指令数据及模型的回答

在步骤 (2) 中，我们采用与训练 DeepSeek-R1-Zero 类似的强化学习流程对生成模型进行训练，但额外引入了一项奖励指标以确保目标语言的一致性，如图 3-29 所示。

① 在推理导向的强化学习中，补全结果指的是思考过程和最终答案。——译者注

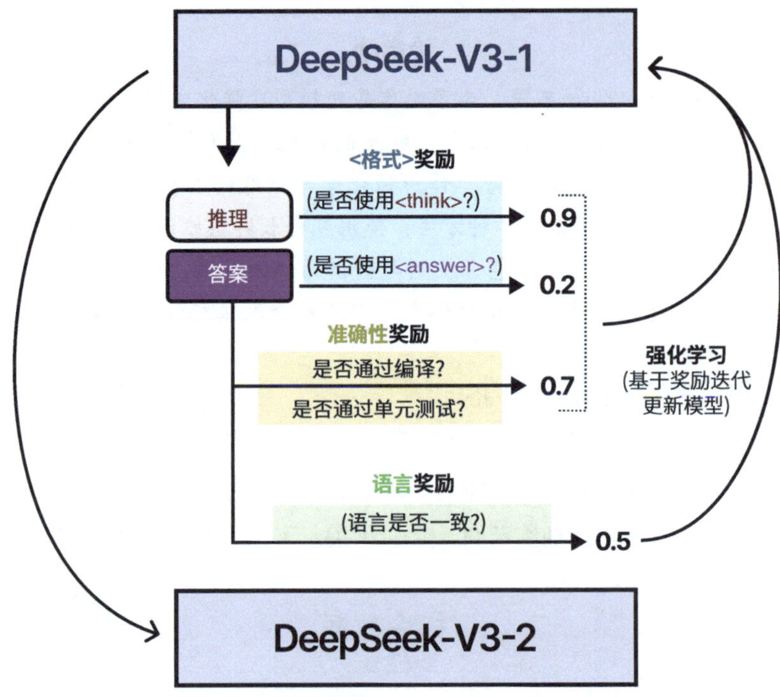

图 3-29　构建 DeepSeek-R1：推理导向的强化学习

在步骤 (3) 中，经过强化学习训练的模型被用于生成合成推理数据，这些数据将用于后续的监督微调阶段，如图 3-30 所示。通过拒绝采样①（基于规则的奖励机制）和奖励模型 DeepSeek-V3-Base 的筛选，最终创建了 60 万个高质量的推理样本。

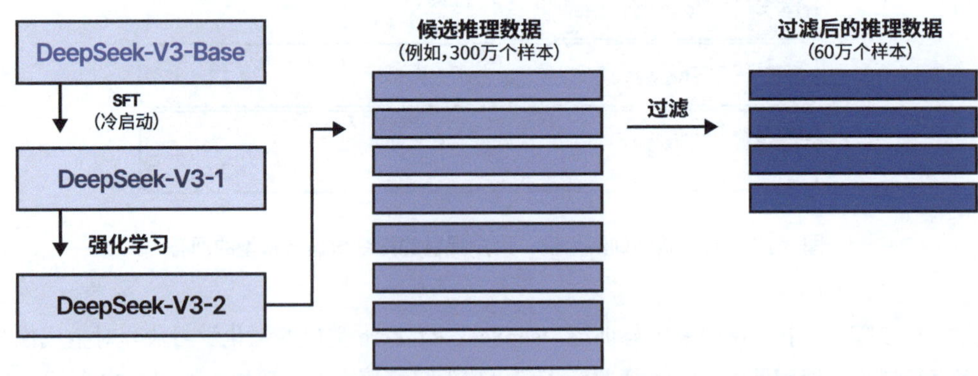

图 3-30　通过强化学习训练的模型被用于生成合成推理数据

① 拒绝采样（rejection sampling）指的是让模型生成多个推理过程和答案，计算每个推理过程和答案的质量分数，只选择其中较优的推理过程和答案用于后续训练。这是因为模型生成的答案并不总是正确的，推理过程也可能存在语言混杂、段落过长等问题，如果不进行筛选，这些错误的推理过程和答案可能会影响模型的学习效率。——译者注

此外，研究团队还利用 DeepSeek-V3 及其部分训练数据，生成了 20 万个非推理样本[①]。该过程如图 3-31 所示。

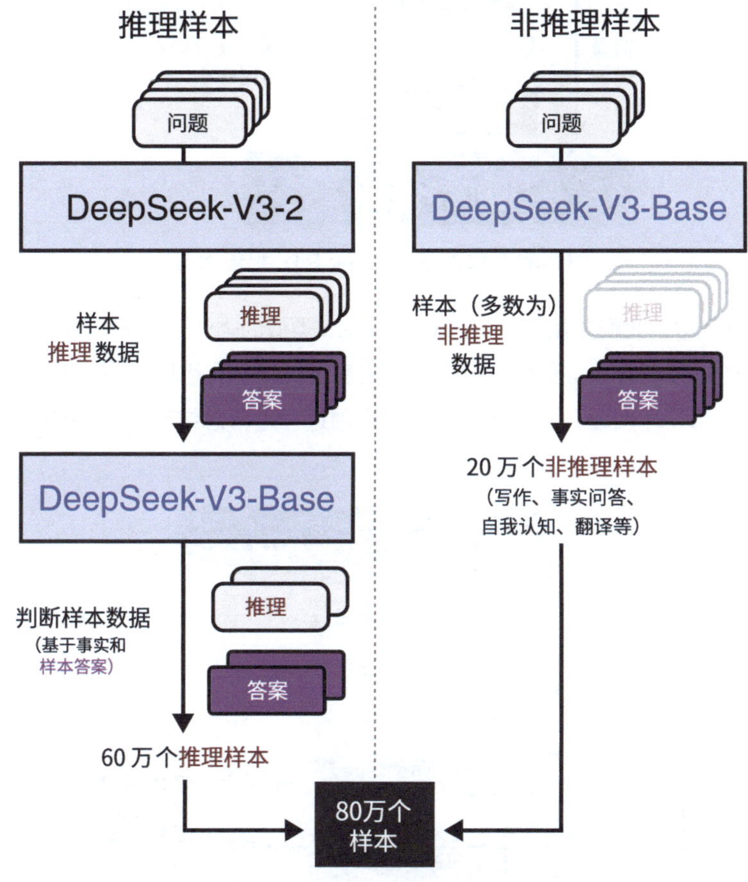

图 3-31　构建 DeepSeek-R1：拒绝采样

在步骤 (4) 中，我们使用前面生成的包含 80 万个样本的数据集对 DeepSeek-V3-Base 模型进行了监督微调，如图 3-32 所示。

① 这些非推理样本大部分是基于 DeepSeek-V3 的监督微调数据集，使用思维链方法生成的回答。生成这些非推理样本主要有两方面的考量：一方面是为了让强化学习训练后的模型在数学、编码和逻辑推理任务之外的通用任务（如写作、事实问答等）上也具备思考能力；另一方面是避免模型在无须推理的简单任务（如“你好”这类问题）上冗余生成思维链，从而节省生成时间。——译者注

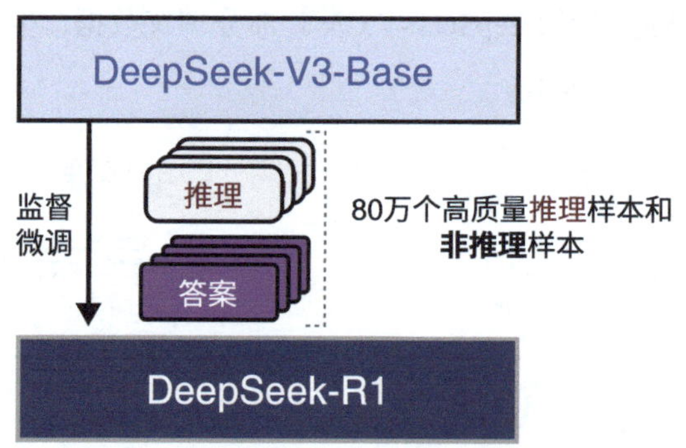

图 3-32　构建 DeepSeek-R1：监督微调

在步骤 (5) 中，我们采用与 DeepSeek-R1-Zero 类似的强化学习方法对模型进行训练。然而，为了更好地契合人类偏好，我们特别增加了关注“有用性”与“无害性”的奖励信号。为防止可读性问题，模型还被要求对推理过程进行总结整理。① 该过程如图 3-33 所示。

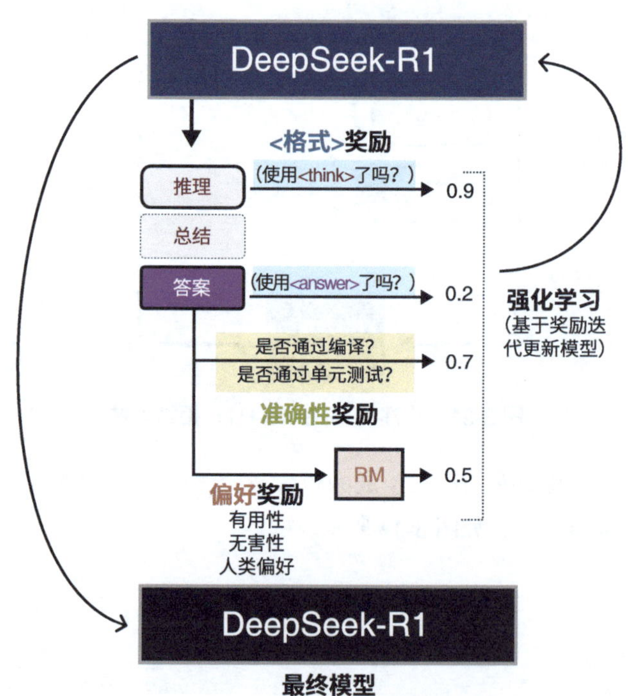

图 3-33　构建 DeepSeek-R1：综合考虑推理和非推理场景的强化学习

① 在有用性方面，DeepSeek 特别关注最终对用户输出的回答，强调回答内容对用户的效用和相关性，同时最大限度地减少对底层推理过程的干扰。在无害性方面，DeepSeek 综合评估模型的推理过程和最终回答，以识别并尽量减少生成高风险、带有偏见或有害的内容。——译者注

这样就够了！这意味着 DeepSeek-R1 实际上是通过监督微调与强化学习对 DeepSeek-V3-Base 进行微调的产物。这项工作的核心在于确保生成高质量样本。

3.5 通过 DeepSeek-R1 蒸馏推理能力

DeepSeek-R1 是一个拥有 6710 亿个参数的庞大模型。遗憾的是，这意味着在消费级硬件上运行该模型将面临巨大的挑战。

值得庆幸的是，DeepSeek 探索了将 DeepSeek-R1 的推理能力蒸馏到其他模型（例如我们可以在消费级硬件上运行的 Qwen-32B）的方法。

在具体实现中，研究团队使用 DeepSeek-R1 作为**教师**模型，较小的 Qwen-32B 作为**学生**模型。两个模型接收相同的提示词后，均需生成一个词元概率分布。在训练过程中，**学生**模型需要紧密跟随**教师**模型的分布特性，如图 3-34 所示。

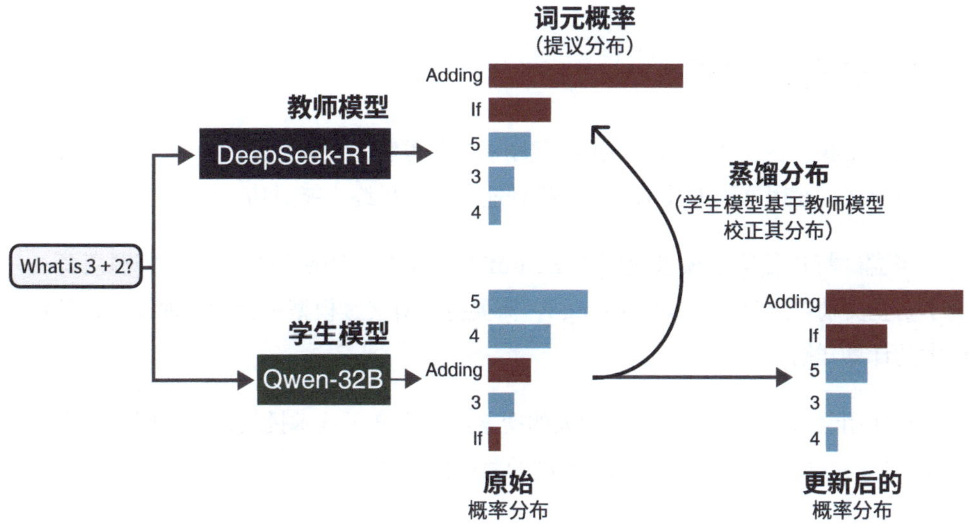

图 3-34　蒸馏：教师模型与学生模型

该流程使用了我们此前接触过的全部 80 万个高质量样本，如图 3-35 所示。

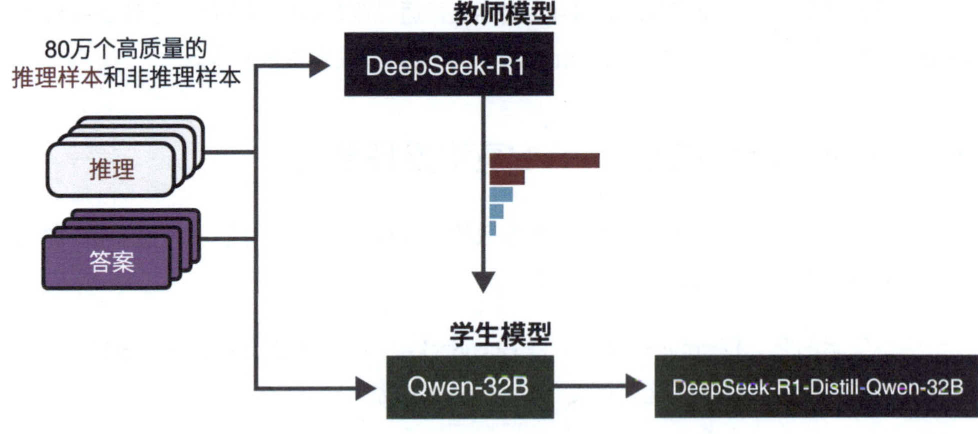

图 3-35　经过 DeepSeek-R1 蒸馏的 Qwen-32B

最终得到的蒸馏模型性能优异，因为它们不仅学习这 80 万个样本，更习得了教师模型 DeepSeek-R1 处理这些问题的思维方式。

3.6　未成功的尝试

还记得我们在前面讨论过的**过程奖励模型**和**蒙特卡洛树搜索**吗？事实上 DeepSeek 团队也尝试过运用这两种技术来增强推理能力，但最终未能成功。

当尝试将过程奖励模型应用于 Best-of-*N* 技术时，团队遇到了计算资源瓶颈——为了防止奖励攻击[①]（reward-hacking），需要持续对奖励模型进行重复训练，这导致了巨大的计算开销。

在使用蒙特卡洛树搜索时，庞大的搜索空间带来了技术挑战，研究团队不得不限制节点扩展的规模。此外，训练细粒度的奖励模型本身就存在难度。

这些案例并不意味着相关技术本身存在缺陷，而是为我们理解这些方法的应用边界提供了宝贵的见解。

3.7　基于 GRPO 的强化学习

在前面的章节中，我们已经了解了强化学习在构建新一代推理 LLM 中的关键作用。

① 奖励攻击指的是：在训练过程中为了获取更多奖励，模型学会了以投机取巧的方式回答问题，而不是真正解决问题，从而偏离了模型训练者最初的目标。——译者注

接下来，我们将介绍 GRPO（group relative policy optimization，组相对策略优化）方法的原理及其具体实现方式。该方法于 2024 年发表于论文“DeepSeekMath: Pushing the Limits of Mathematical Reasoning in Open Language Models”中。

3.7.1 奖励值与优势值

对于 DeepSeek-R1-Zero，其训练流程如下：模型从训练集中选取一个问题作为输入，基于当前模型检查点生成一组候选答案。随后，这些答案将被评估并赋予相应的奖励分数，模型再依据这些奖励分数对参数进行更新，从而不断提升自身性能。[①] 具体如图 3-36 所示。

上述提到的奖励分数实际上是由多个奖励值组成的集合，每一个奖励值分别衡量模型在特定期望行为上的正确性。我们希望通过这些值引导模型向预期的方向优化。基本的奖励项包括如下几种。

- 格式奖励

  评估模型是否按照指定的格式输出：

  - 思考模块，推理过程的输出是否由 `<think></think>` 标签包裹；
  - 答案模块，最终答案的输出是否由 `<answer></answer>` 标签包裹。

- 准确性奖励

  评估模型输出是否正确：

  - 正确答案，若输入为一个数学问题，当最终答案与训练集中该问题的标准答案匹配时赋予奖励值；
  - 代码执行，若生成答案为代码，该代码是否能正常运行？是否可以通过单元测试？

- 偏好奖励

  基于人类反馈的评分：

  - 有用性奖励模型赋予的奖励值；
  - 无害性奖励模型赋予的奖励值。

① DeepSeek-R1 使用了结果奖励模型（ORM），而以往的很多研究使用的是过程奖励模型（PRM）。二者的区别在于，PRM 对每一步思考过程进行评估，而 ORM 只评估最终结果。PRM 的奖励模型很难训练，而 ORM 的奖励模型很容易构造——只需与标准答案对比，并检查格式、有用性、无害性等。

——译者注

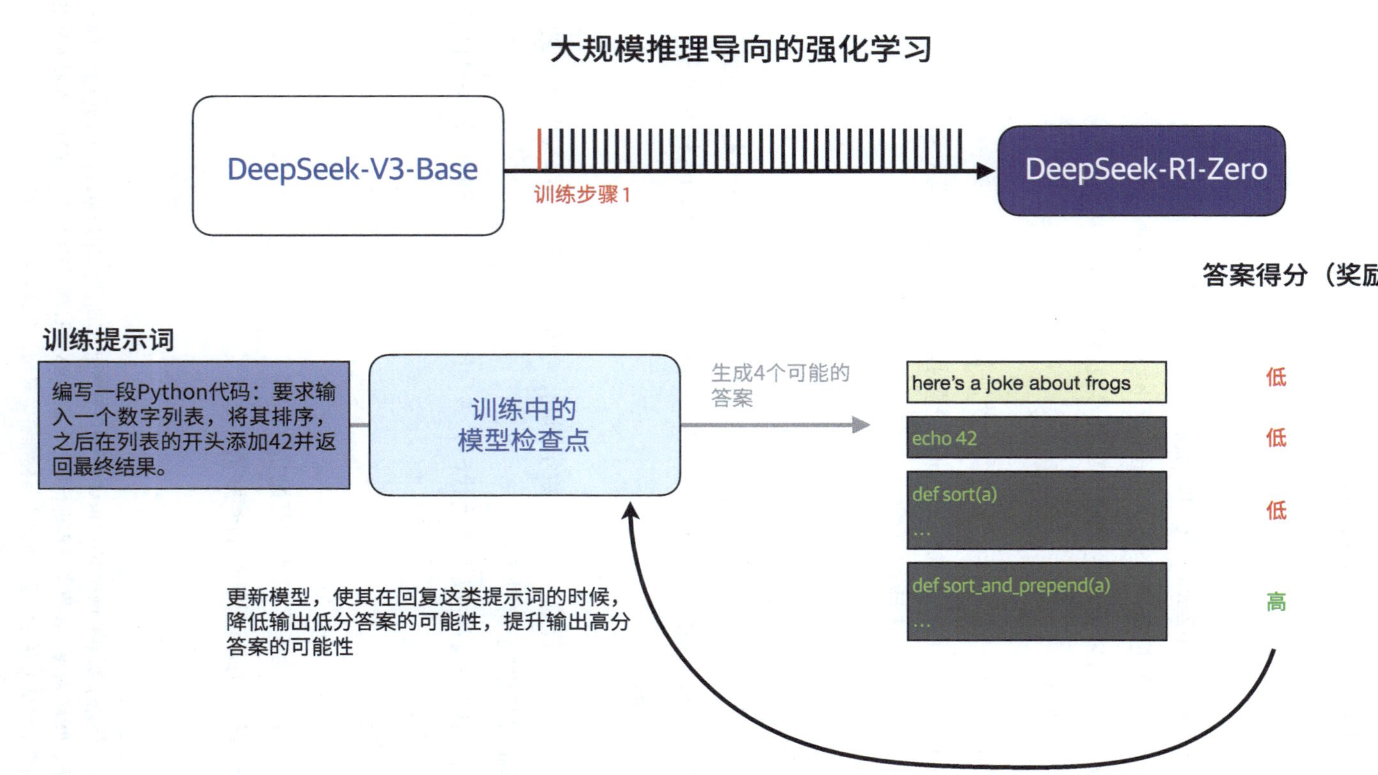

图 3-36　反馈信号用于优化模型

如图 3-37 所示，我们通过一个例子展示了每个输出结果被赋予不同类型的奖励。但该图仅展示了对于单个输出的奖励分配方式，实际上 GRPO 算法是基于一组输出结果来进行处理的。

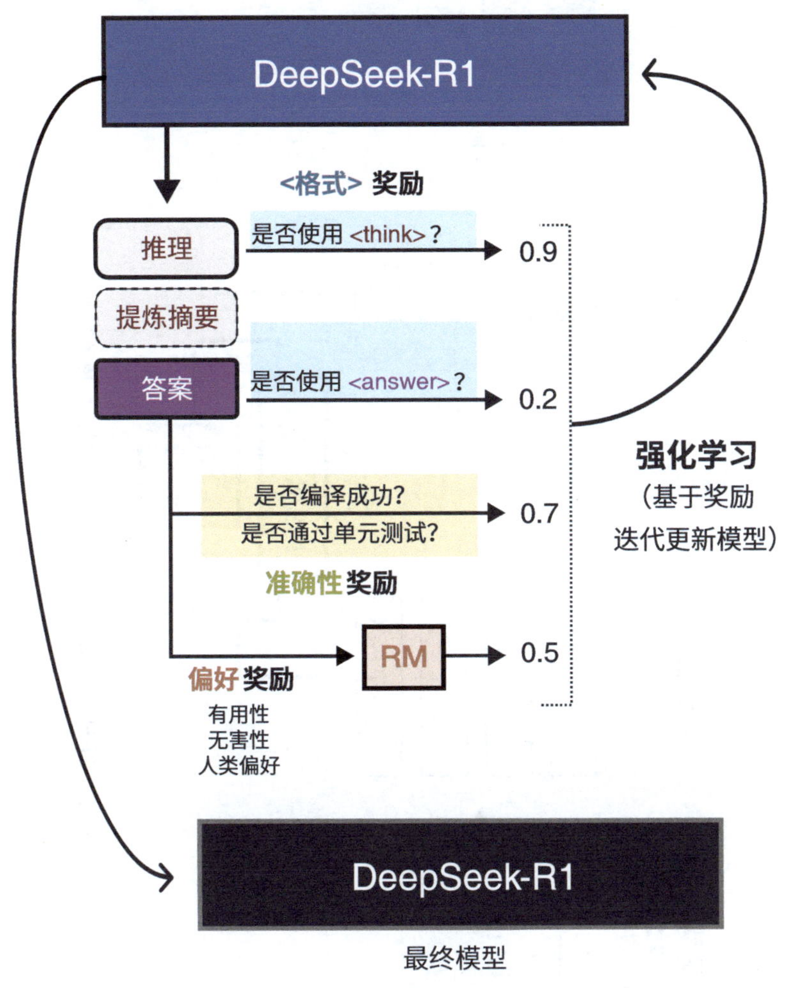

图 3-37　奖励值示例

在图 3-38 中，我们可以看到每个输出首先会被评分并赋予一个总奖励值，然后通过计算优势值（advantage score）实现组内奖励值的归一化处理。这种归一化操作的好处在于，对于组内某些较优的答案，即使并非绝对意义上的最佳答案，也能在评分中脱颖而出——这有助于最大化每组样本所能提供的学习信号。同样，对于表现较差的输出，该机制也会给予惩罚性处理，为其分配负优势值。

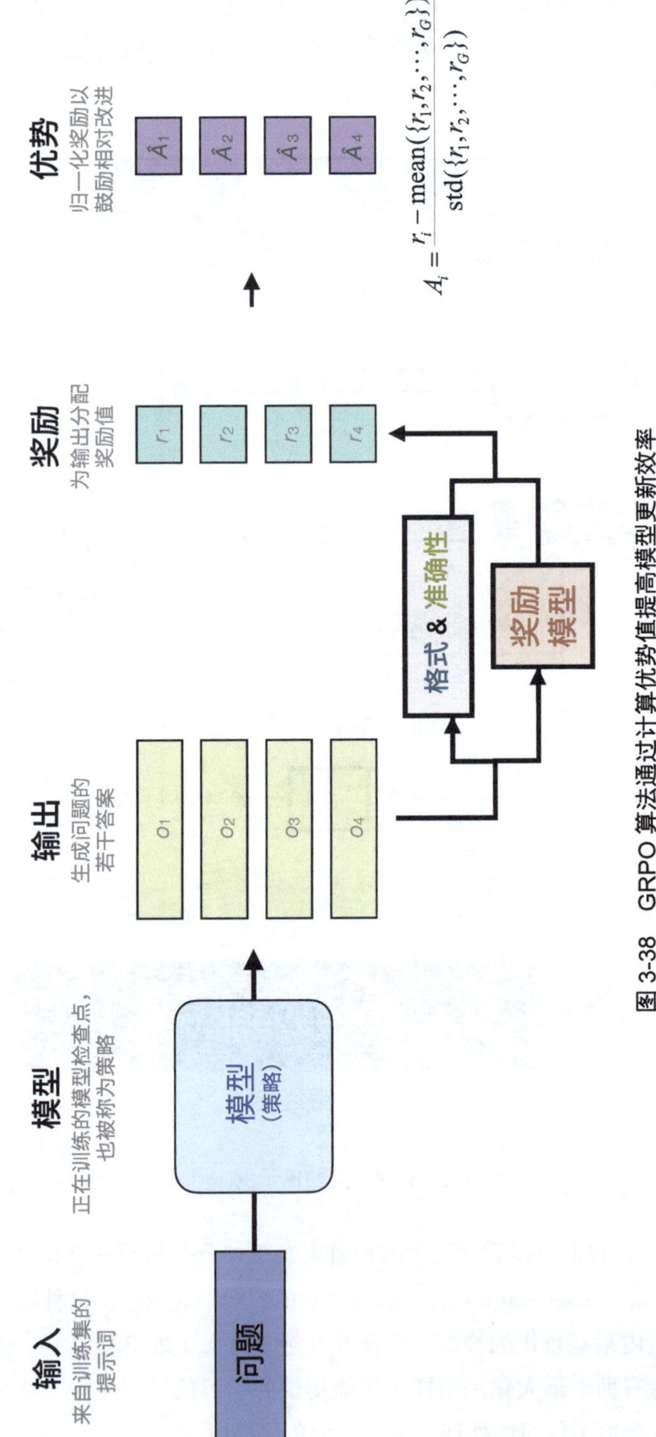

图 3-38 GRPO 算法通过计算优势值提高模型更新效率

优势值是 GRPO 优化目标函数中的关键变量之一。正因如此，在 DeepSeekMath 论文中，GRPO 被作为更新策略模型的两条核心路径[①]之一，如图 3-39 所示。

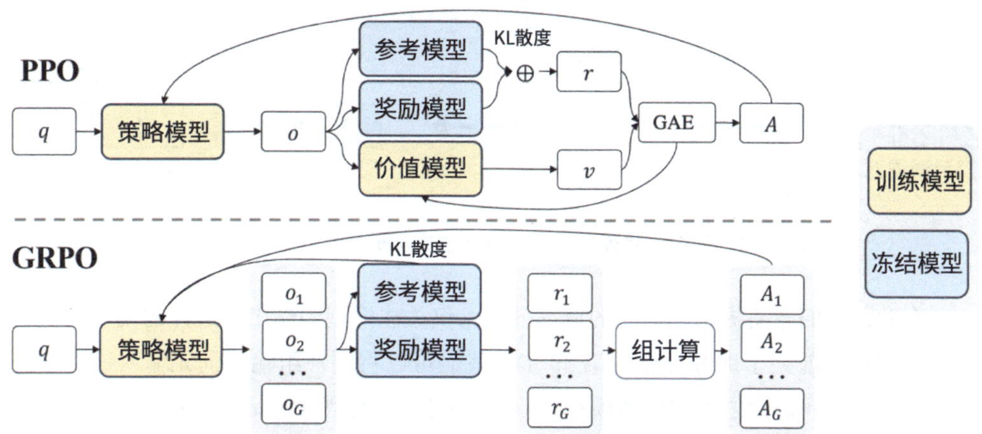

该注释图来自“DeepSeekMath: Pushing the Limits of Mathematical Reasoning in Open Language Models”（本书简称“DeepSeekMath 论文”），对比了 PPO 和 GRPO。GRPO 不再使用价值模型，而是通过组内得分来估计基准值，显著减少了训练资源的消耗。

图 3-39　对比 PPO 与 GRPO

3.7.2　KL 散度惩罚项

优化目标中的第二个关键项（在图 3-39 中标注为 KL 散度[②]）是一种惩罚机制，其作用是确保正在训练的模型与其早期版本不会产生过大差异。为了更直观地说明这一点，我们来看一个简单的示例。已知模型接收输入提示词（以词元形式处理），并根

① 在 DeepSeekMath 论文中，更新策略模型的两条核心路径是 PPO 和 GRPO。PPO（proximal policy optimization，近端策略优化）是 OpenAI 于 2017 年提出的强化学习算法，也是最初版本的 ChatGPT 所用的 RLHF 方法。PPO 源于强化学习中经典的 actor-critic（演员 - 评论家）模型，它同时训练两个模型，分别用于根据当前状态和对环境的观察生成行动，以及评判生成的行动是好是坏。在基于 PPO 的推理导向的强化学习中，需要同时训练策略模型（policy model）和价值模型（value model），其中策略模型生成思考过程和答案，而价值模型试图评判生成的思考过程和答案正确与否。价值模型的评判结果与奖励函数输出的奖励值（答案正确与否、是否符合格式等）对比得到优势值（A），进而使用随机梯度下降更新策略模型和价值模型。而基于 GRPO 的强化学习是将策略模型多次生成的一组答案分别与正确答案对比，得到每个答案的奖励值，然后与组内平均奖励值对比，得到每个答案的优势值，进而使用随机梯度下降更新策略模型。GRPO 不需要训练价值模型，只需要训练策略模型，因此其训练过程比 PPO 的训练过程更简单。——译者注

② KL 散度是使强化学习过程更稳定的重要正则化工具，防止策略模型的突变，避免奖励攻击这类模型为获取奖励而投机取巧的行为。——译者注

据模型前向传播过程结束时的概率分布输出一系列词元，如图 3-40 所示。

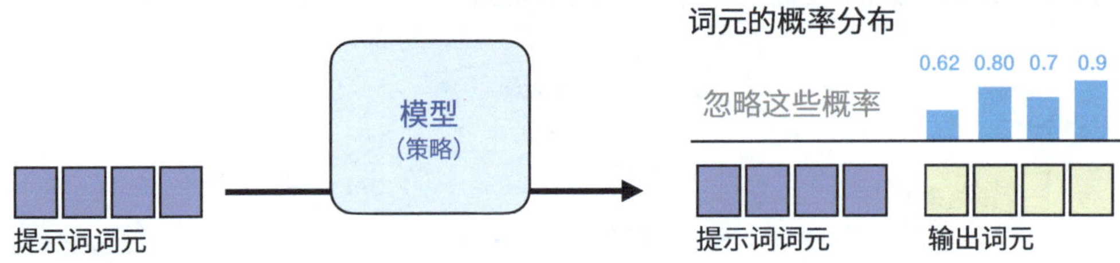

图 3-40　模型接收输入提示词并根据概率分布输出一系列词元

在此，我们忽略提示词词元的概率分布，仅关注模型为输出所选择的词元的概率分布。假设当前处于训练过程的第 50 步，我们可以将同一组输出词元输入该模型较早的检查点（我们称之为“参考模型”），并比较两个模型对词元赋予的概率分布，如图 3-41 所示。这些概率分布之间的差异就是一个衡量指标，告诉我们模型在训练过程中的变化程度。

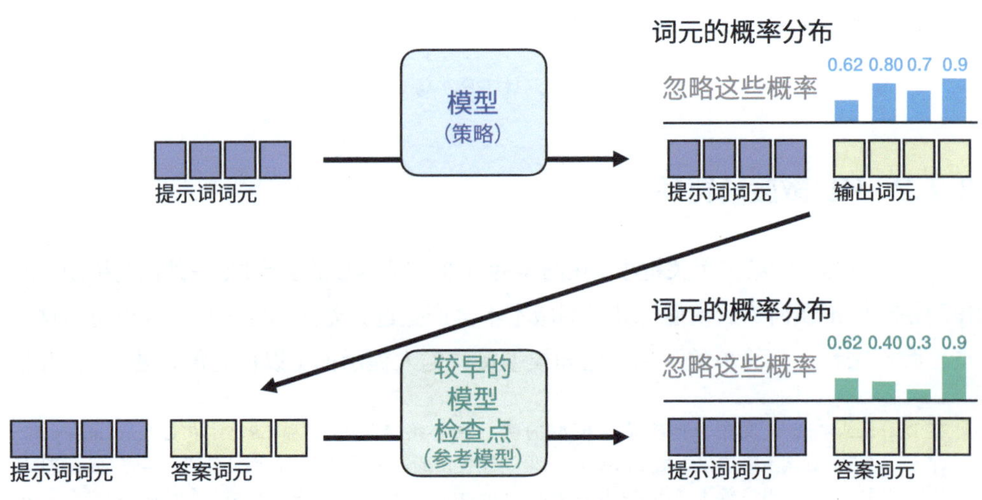

图 3-41　输出词元的概率分布

这个简单的示例向我们展示了两个概率分布，分别对应模型生成的补全词元。在实际的 GRPO KL 散度惩罚机制中，每个提示词都对应一组答案，因此 KL 散度惩罚需要将该组内所有的答案纳入考虑。优化过程作用于小批量提示词而非单个提示词，因此我们需要对包含以下维度的张量进行操作：小批量问题集、每个问题对应的一组答案，以及序列中词元数量的维度。

3.7.3 GRPO 目标函数

DeepSeek-R1 论文中的公式展示了如何利用策略模型和参考模型的概率精确计算 KL 散度惩罚项，如图 3-42 所示。

$$\mathbb{D}_{\mathrm{KL}}\left(\pi_\theta \| \pi_{\mathrm{ref}}\right)=\frac{\pi_{\mathrm{ref}}\left(o_i \mid q\right)}{\pi_\theta\left(o_i \mid q\right)}-\log \frac{\pi_{\mathrm{ref}}\left(o_i \mid q\right)}{\pi_\theta\left(o_i \mid q\right)}-1$$

图 3-42　KL 散度惩罚项计算公式

除了 KL 散度惩罚项，GRPO 目标函数还包含其他关键项，完整的 GRPO 目标函数如图 3-43 所示。

$$\begin{aligned}\mathcal{J}_{\mathrm{GRPO}}(\theta)=\mathbb{E}&\left[q \sim P(Q),\left\{o_i\right\}_{i=1}^G \sim \pi_{\theta_{\mathrm{old}}}(O \mid q)\right] \\ &\frac{1}{G} \sum_{i=1}^G\left(\min \left(\underbrace{\frac{\pi_\theta\left(o_i \mid q\right)}{\pi_{\theta_{\mathrm{old}}}\left(o_i \mid q\right)} A_i}_{\text{未裁剪项}}, \underbrace{\operatorname{clip}\left(\frac{\pi_\theta\left(o_i \mid q\right)}{\pi_{\theta_{\mathrm{old}}}\left(o_i \mid q\right)}, 1-\varepsilon, 1+\varepsilon\right) A_i}_{\text{裁剪项}}\right) \underbrace{-\beta \mathbb{D}_{\mathrm{KL}}\left(\pi_\theta \| \pi_{\mathrm{ref}}\right)}_{\text{KL 散度惩罚项}}\right)\end{aligned}$$

图 3-43　GRPO 目标函数①

要理解这一目标函数的含义，需结合它所属的训练流程。例如，需要注意该目标函数涉及三个不同的模型：当前策略模型、旧策略模型以及参考模型。前文我们已简要讨论了参考模型。为了更全面地理解 GRPO 的结构与机制，接下来，我们将进一步分析 GRPO 算法的伪代码实现。

---

① GRPO 的目标函数 $\mathcal{J}_{\mathrm{GRPO}}(\theta)$ 表示该算法希望优化的方向。最大化这个目标函数意味着改进当前策略模型。这里，θ 是当前策略模型的参数。

期望符号 $\mathbb{E}$ 表示对数据的平均效果进行估计。公式中的 $q \sim P(Q)$ 表示问题 q 是从问题数据集 $P(Q)$ 中采样得到的，而输出序列 o（即模型对问题 q 的思考过程和答案）是根据旧策略模型在给定问题 q 的条件下生成的。

目标函数中的核心是 PPO 的“裁剪”机制：对每个输出序列 o_i，取未裁剪项和裁剪项的较小值（min 函数），从而限制策略更新的幅度，避免训练过程中的不稳定性。

- **未裁剪项**是当前策略和旧策略在生成输出序列 o_i 条件下的**概率比**，乘以该输出对应的**优势值** A_i。概率比衡量的是策略变动的幅度，而优势值衡量的是生成该输出相较平均行为的优劣。
- **裁剪项**是对这个概率比的一个区间限制（例如限制在 $[1-\varepsilon, 1+\varepsilon]$），防止策略因某个行为被奖励过多或过少而发生剧烈变化。

如前所述，**KL 散度惩罚项**，用于惩罚当前策略偏离参考策略的程度。参考策略通常是在强化学习之前通过监督微调得到的模型，或是训练中较为稳定的某个策略检查点。KL 散度衡量的是当前策略与参考策略在输出概率分布上的差异。超参数 β 控制这一项的影响力：β 越大，模型探索空间越小，策略越保守；β 越小，策略更自由但偏移风险更大。——译者注

3.7.4 GRPO 算法

DeepSeekMath 论文中对 GRPO 算法的描述如图 3-44 所示。

Algorithm 1 Iterative Group Relative Policy Optimization

Input initial policy model $\pi_{\theta_{\text{init}}}$; reward models r_φ; task prompts $\mathcal{D}$; hyperparameters ε, β, μ

policy model $\pi_\theta \leftarrow \pi_{\theta_{\text{init}}}$
for iteration = 1, ..., I **do**
    reference model $\pi_{ref} \leftarrow \pi_\theta$
    for step = 1, ..., M **do**
        Sample a batch $\mathcal{D}_b$ from $\mathcal{D}$
        Update the old policy model $\pi_{\theta_{old}} \leftarrow \pi_\theta$
        Sample G outputs $\{o_i\}_{i=1}^{G} \sim \pi_{\theta_{old}}(\cdot \mid q)$ for each question $q \in \mathcal{D}_b$
        Compute rewards $\{r_i\}_{i=1}^{G}$ for each sampled output o_i by running r_φ
        Compute $\hat{A}_{i,t}$ for the t-th token of o_i through group relative advantage estimation.
        for GRPO iteration = 1, ..., μ **do**
            Update the policy model π_θ by maximizing the GRPO objective (Equation 21)
    Update r_φ through continuous training using a replay mechanism.

Output π_θ

图 3-44 GRPO 算法①

为简化说明，我们通过使用类似 Python 的伪代码（且变量名具有明确含义）来进行解析。此外，我们还使用了不同的颜色标识不同的模型，使整体流程更加清晰易懂。

```
# 初始化时，initial_policy_model 可以是 DeepSeek-V3-Base
policy_model = initial_policy_model
for iteration in range(n_iterations):
```

① 图中 GRPO 算法的实现简单描述如下。

1. **输入**：初始策略模型、奖励模型、任务提示词和超参数。
2. **迭代过程**：
   - 初始化策略模型。
   - **外层循环**：迭代策略模型。按照设定的迭代次数进行循环，每次迭代都会对策略模型进行一定的更新和优化。
     - 更新参考模型。
     - **内层循环**：进行多次策略更新步骤。
       - 采样任务批次。
       - 更新旧策略模型。
       - 采样输出并计算奖励值。
       - 计算分组相对优势值。
       - **GRPO 优化循环**：在内层循环中，通过多次迭代最大化目标函数更新策略模型。
   - 更新奖励模型。
3. **输出**：优化后的策略模型。

这个算法通过迭代、优化策略模型和奖励模型，以提高在特定任务中的表现。

——编者注

```
    reference_model = policy_model
    for step in range(n_steps_per_iteration):
    # 从训练数据集中抽取一个小批次（mini-batch）的问题
        task_prompts_batch = get_task_prompts_batch()
        old_policy_model = policy_model
        sampled_outputs = old_policy_model.generate(
            questions = task_prompts_batch,
            n_outputs_per_question = n_outputs)
        rewards = calculate_rewards(task_prompts_batch, sampled_outputs)
        advantages = compute_grpo_advantages(outputs, rewards)

        for grpo_iteration in range(n_grpo_steps):
            # 计算损失值并更新策略
            policy_model = update_policy()
reward_model = update_reward_model_with_replay(reward_model)
```

这段伪代码仅体现了算法的总体框架。实际上，完整的实现包含诸多细节，只有通过仔细查看具体的实现代码，才能深入理解这些细节，进而理解其完整的逻辑及工程考量。

3.7.5 GRPO 参考实现

如果你希望更深入地理解 GRPO 的实现细节，建议查阅一些开源实现。比如，可以参考 simple_GRPO 仓库，一个适合入门和教学目的的轻量级实现，以简洁的结构演示了 GRPO 的核心思想与基本流程。更完整的实现可参考 Hugging Face Transformer 强化学习代码库 TRL 以及火山引擎大模型强化学习代码库 verl。

3.8 小结

本章介绍了 DeepSeek-R1 的完整训练方案。首先回顾了大模型的通用训练流程，然后展示了 DeepSeek-R1-Zero 在推理任务中的能力及训练过程，并讲解了 DeepSeek-V3 提出的效率优化策略，包括多头潜在注意力机制、混合精度训练和多词元预测。DeepSeek-R1 融合了 DeepSeek-R1-Zero 和 DeepSeek-V3 的核心创新，分别在推理能力构建和训练效率上发挥了重要作用。随后介绍了 DeepSeek-R1 的构建过程，以及如何通过蒸馏方式传递其推理能力。最后，重点介绍了基于 GRPO 的强化学习方法，包括奖励值与优势值、KL 散度惩罚项、目标函数和算法流程，并提供了参考实现，展示了强化学习在推理能力构建中的核心作用。

附录

DeepSeek 开源周

DeepSeek 一直致力于推动开源创新。早先发布的大模型 DeepSeek-R1 已展现出与闭源模型相抗衡的实力。这次，DeepSeek 更是迈出了重要一步，发起了开源周活动。

在 2025 年 2 月的最后一周中，DeepSeek 每天公开一个全新的代码库，涵盖优化 DeepSeek-R1 以及通用大模型运行效率的关键工具与技术。这些工具大多来自他们在 DeepSeek-V3 和 DeepSeek-R1 论文中提出的重要算法，将这些实现完整开源无疑是对开源社区的一大贡献。

接下来，让我们一同简单了解一下这些精彩的开源项目吧！

1. 第一天：FlashMLA

在开源周的第一天，DeepSeek 发布了高效实现 MLA（多头潜在注意力）机制的代码，并将其命名为 FlashMLA。这个开源库中的代码是专为 NVIDIA 下一代 GPU 架构 Hopper（如 H100 和 H200 系列）设计的。

受 Flash 注意力机制启发，DeepSeek 构建了一个 MLA 内核（kernel），用于高效处理计算。这个内核允许某些操作保留在速度更快的 SRAM（静态随机存储器）中，而无须频繁地将结果复制回速度较慢的 DRAM（动态随机存储器）。传统缓存与写回流程[①]如图 A-1 所示。

① 在传统缓存与写回流程中，由于数据需要在 SRAM 和 DRAM 之间反复复制，而 DRAM 的带宽远远低于 SRAM 的带宽和计算单元的峰值算力，将导致计算单元长时间等待数据复制，效率低下。而在 FlashMLA 中，数据尽可能在 SRAM 中就地处理，减少了写回 DRAM 再加载进 SRAM 的次数，从而提升了效率。——译者注

图 A-1 传统缓存与写回流程

除此之外，DeepSeek 还采用了许多其他优化技巧，使得原本计算开销较大的 MLA 的计算过程得以显著加速。

2. 第二天：DeepEP

在开源周的第二天，DeepSeek 发布了名为 DeepEP 的库，用于在其 MoE 架构中实现高效的专家间通信。DeepEP 的核心思想在于：借助 DeepEP 内核，可对部分或全部输入（取决于可用的计算和内存资源）进行并行处理，从而实现高效的词元分派。DeepEP 显著降低了解码词元时的延迟，是 DeepSeek 加速推理过程的重要成果。DeepEP 的核心思想如图 A-2 所示。

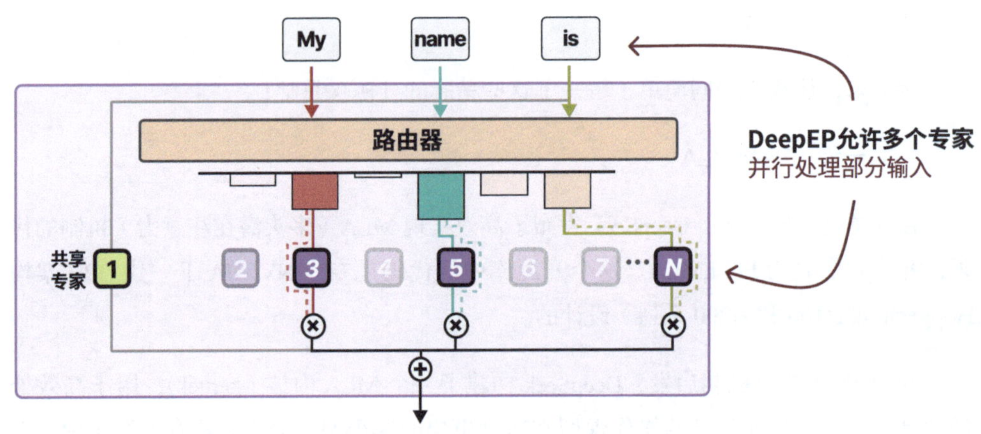

图 A-2 DeepEP 的核心思想

3. 第三天：DeepGEMM

在开源周的第三天，DeepSeek 发布了一个高效通用矩阵乘法库（GEMM）。矩阵乘法是大多数深度学习技术的核心操作之一，同时也是计算开销最大的部分之一。该库名为 DeepGEMM，支持稠密计算和 MoE 计算，仅用约 300 行代码就实现了显著的加速效果。DeepGEMM 最早在 DeepSeek-V3 论文（“DeepSeek-V3 Technical Report”）中提出，是其混合精度训练策略的重要组成部分——在该策略中，激活值采用 FP8 精度进行缓存与调度，而低精度的优化器状态则以 BF16 格式存储。

4. 第四天：并行优化策略

在开源周的第四天，DeepSeek 发布了两个用于优化模型训练的核心库。

- DualPipe：一种高效的多 GPU 并行训练算法。
- EPLB（expert parallelism load balancer）：一种专家负载均衡算法，用于在多 GPU 之间选择最优的专家分配策略。

在将训练过程分配到多个设备上时，需要牢记：任何给定的神经网络都有前向传播（forward pass）和反向传播（backward pass）两个关键阶段，如图 A-3 所示。

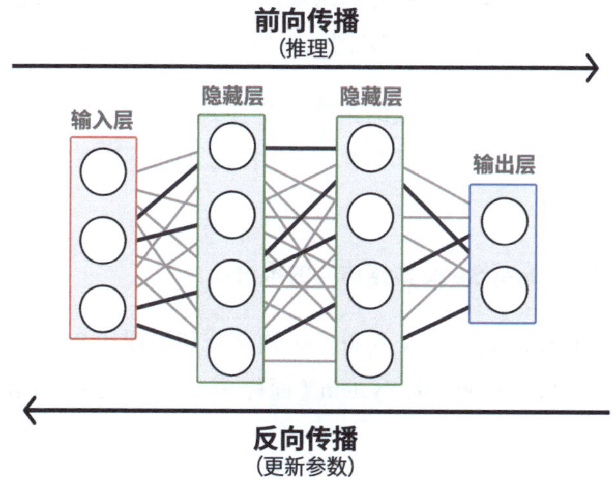

图 A-3　前向传播与反向传播

随着模型对计算资源的需求不断增长，单个模型的训练通常需要使用多块 GPU 协同完成。为此，算法的不同计算步骤可以由不同的 GPU 分担处理，以加速整体训练过程。这种将模型在不同 GPU 上分布式并行训练的方式称为模型并行（Model Parallelism）。

然而，当分布式训练按顺序方式执行时，可能会导致部分 GPU 处于空闲状态，如图 A-4 所示。

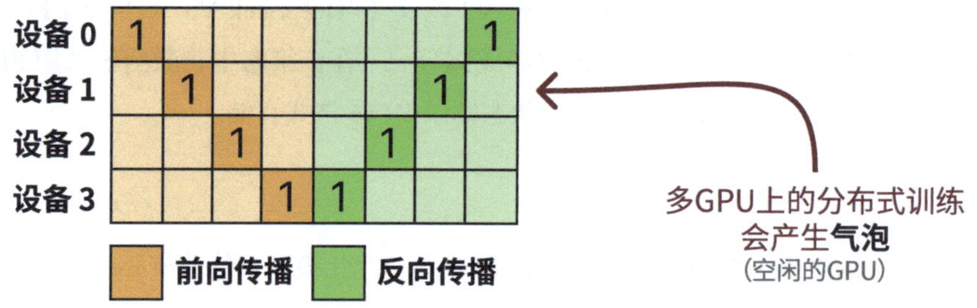

图 A-4　按顺序方式执行分布式训练可能会导致部分 GPU 处于空闲状态

通过微批次交错和双向管道并行，DualPipe 使不同设备在同一时间分别处理不同阶段（前向传播 / 反向传播）的数据流，从而尽可能减少气泡现象①的发生，如图 A-5 所示。

注意，这些批次的处理是从管道的两端同时进行的（双向管道并行）。实际上，这种做法需要模型参数的两份副本，如图 A-6 所示②。

这种在管道两端同时处理批次的策略，结合 EPLB 对专家模块进行动态负载均衡，能够显著提升模型训练的整体效率，减少资源冗余，并缓解 GPU 计算资源的闲置问题。

5. 第五天：3FS，DeepSeek 数据访问的推进器

在开源周的第五天，DeepSeek 发布了一款充分利用现代 SSD 带宽性能的并行文件系统。该系统名为 Fire-Flyer File System（简称 3FS③），专为文件和参数的随机读取而设计。

---

① 气泡现象是计算机体系结构领域的术语，指的是一个计算单元在处理完一组数据后，由于下一组输入数据尚未就绪，从而处于空闲状态的现象。——译者注

② 图中 0、1、2、3、4、5、6 表示 7 个不同的批次，框中的数字表示 GPU 设备正在处理的批次编号。没有标明数字的橙色方格表示 GPU 此时正在处理从管道另一端反向计算的批次。例如，批次 0 的前向传播过程是从设备 0 到设备 7 依次进行，然后从设备 7 开始，依次进行反向传播。对于同一批次的数据，权重梯度的反向传播和输入梯度在下一设备的反向传播可以并行。——译者注

③ 3FS 是软硬件协同设计的典范，其中一个关键要素是采用了 RDMA 技术，为所有组件提供高速互联。3FS 为数据随机采样的读事务优化，无须过多考虑复杂的写事务，从而可以“压榨”硬件的极致性能。3FS 元数据服务采用了计算与存储分离的设计，元数据服务节点本身可以无状态且易于扩展。而存储服务则采用了存算一体的设计，每个节点管理本地 SSD。数据采用三副本，针对读密集型工作负载进行了优化。——译者注

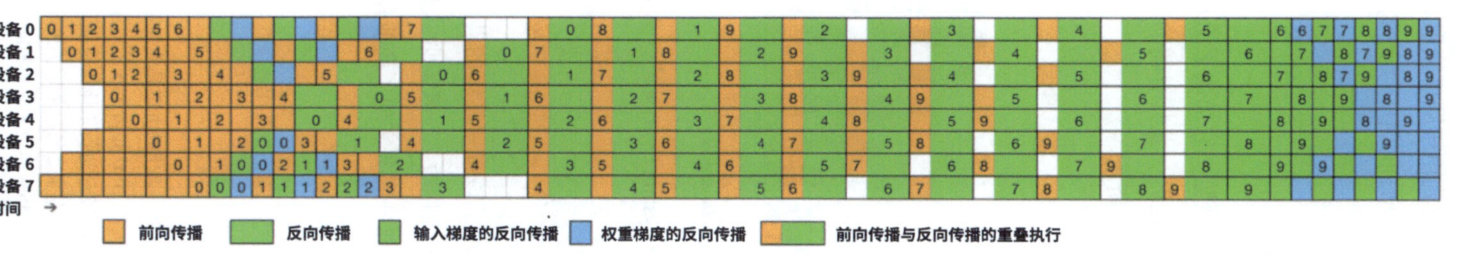

该注释图来自 DeepSeek-V3 论文 “DeepSeek-V3 Technical Report”。

图 A-5　DualPipe 通信

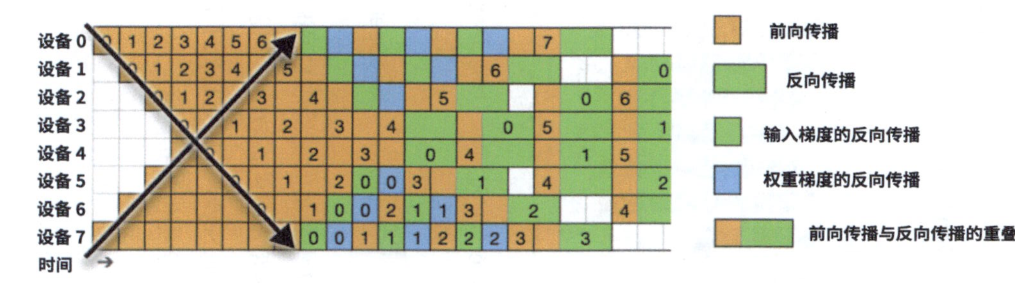

该注释图来自 DeepSeek-V3 论文 “DeepSeek-V3 Technical Report”。

图 A-6　这些批次从管道的两端同时处理

在训练模型时，数据通常会被随机采样，以防止模型学习到由于顺序读取数据而产生的伪相关性。由于不需要顺序读取和缓存，3FS 专注于模型训练中最关键的部分：数据的随机采样。

6. 第六天：DeepSeek-V3/ DeepSeek-R1 推理系统概览

在开源周的第六天，DeepSeek 发布了其推理系统的整体概览。它描述了前几天提到的所有组件如何协同工作，以实现更高的吞吐量和更低的延迟。尤其有趣的是，他们还计算了部署 DeepSeek-R1 的成本以及理论收入，如图 A-7 所示。

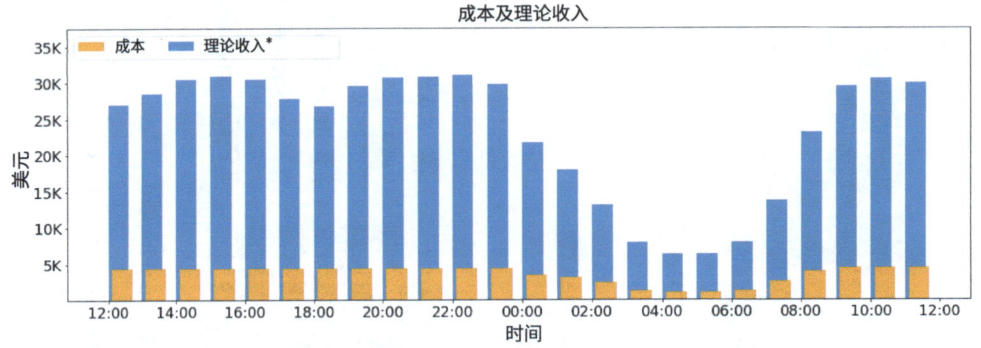

* 理论收入基于DeepSeek-R1模型标准API定价计算得出，其中已经考虑了来自网页、应用和API的所有词元类型。该数值并非实际收入。

该注释图来自“Day 6: One More Thing, DeepSeek-V3/R1 Inference System Overview”，从中可以看到利润率超过了 500%。

图 A-7　DeepSeek-R1 的部署成本及理论收入

尽管图 A-7 中展示的是预估的理论收入，但它充分体现了该推理系统的潜力、所做的优化以及模型本身的高效性。① 需要注意的是，相对于理论收入，实际收入较低，主要是因为：DeepSeek-V3 的定价低于 DeepSeek-R1，只有部分服务实现了商业化，以及在非高峰时段会提供折扣优惠。

① DeepSeek-V3/DeepSeek-R1 推理系统的优化目标是提高吞吐量、降低延迟，采用的方案是大规模跨节点专家并行。通过多机多卡间的专家并行策略实现足够大的批次，从而提高 GPU 矩阵乘法的效率。为了解决多机多卡间的专家并行带来的通信开销，使用两个批次的计算和通信交错进行来掩盖通信开销，提高整体吞吐量。DeepSeek 在上下文预填（prefill）、输出解码、MoE 多个专家之间都采用了负载均衡策略。通过这些优化与前面章节所述的一系列优化，DeepSeek-R1 实现了 545% 的理论成本利润率，大大降低了推理型模型的使用成本。——译者注